U0291521

scarpa

*beyond matter*

# 卡洛·斯卡帕

## 超越物质

[澳大利亚] 帕翠西亚·皮奇尼尼　[意大利] 洛伦佐·佩纳蒂　编著

尚晋　译

江苏凤凰科学技术出版社 · 南京

江苏省版权局著作权合同登记 图字：10-2021-316

Carlo Scarpa Beyond Matter
by Lorenzo Pennati and Patrizia Piccinini
Mondadori Libri – area Mondadori Electa
©2020 Mondadori Libri S.p.A.
The simplified Chinese edition is published in arrangement through Niu Niu Culture.

**图书在版编目（CIP）数据**

卡洛·斯卡帕 ：超越物质 / （澳）帕翠西亚·皮奇尼尼，（意）洛伦佐·佩纳蒂编著 ；尚晋译. -- 南京 ：江苏凤凰科学技术出版社，2022.2（2022.5重印）
ISBN 978-7-5713-2676-0

Ⅰ. ①卡… Ⅱ. ①帕… ②洛… ③尚… Ⅲ. ①建筑设计－作品集－意大利－现代 Ⅳ. ①TU206

中国版本图书馆CIP数据核字(2021)第275062号

**卡洛·斯卡帕　超越物质**

| | |
|---|---|
| 编　　著 | [澳大利亚] 帕翠西亚·皮奇尼尼　[意大利] 洛伦佐·佩纳蒂 |
| 译　　者 | 尚　晋 |
| 项目策划 | 凤凰空间/陈　景 |
| 责任编辑 | 赵　研　刘屹立 |
| 特约编辑 | 刘禹晨 |
| 出版发行 | 江苏凤凰科学技术出版社 |
| 出版社地址 | 南京市湖南路1号A楼，邮编：210009 |
| 出版社网址 | http://www.pspress.cn |
| 总 经 销 | 天津凤凰空间文化传媒有限公司 |
| 总经销网址 | http://www.ifengspace.cn |
| 印　　刷 | 天津图文方嘉印刷有限公司 |
| 开　　本 | 965mm×635mm　1/16 |
| 印　　张 | 14 |
| 插　　页 | 4 |
| 字　　数 | 224 000 |
| 版　　次 | 2022年2月第1版 |
| 印　　次 | 2022年5月第2次印刷 |
| 标准书号 | ISBN 978-7-5713-2676-0 |
| 定　　价 | 228.00元（精） |

图书如有印装质量问题，可随时向销售部调换（电话：022-87893668）。

# 序

## 另一条基准线

### 1. 读者与作者

在对作者与译者皆无所知的情形下，我就答应了为这本关于卡洛·斯卡帕的译著写序，大概既因我自己对斯卡帕作品的一贯喜爱，也因我即将完稿的《庭园与地域》一书中，就有不少涉及斯卡帕的案例分析，这才诱发了我想立刻参详这本新书的私念。

先睹为快的读者私念，一旦面临写序的压力，竟成了我的焦虑。我笨拙地以短信向编辑致歉，不无羞赧地承认了应允写序的这点私念，还近乎反悔地追补了写序的条件——我得先看看这本书稿的质量，再决定是否写序。

在我过往阅读的相关斯卡帕的著述中，像弗兰姆普敦撰写的那类“卡洛·斯卡帕与节点崇拜”的高质量文本，极为罕见。更多的两类写法，要么是以建筑爱好者的身份，对斯卡帕的作品进行不及物的游客式赞美；要么是以拼贴的方法，将斯卡帕所在威尼斯的地域与工艺知识，毫无发现性地叠加在其作品文本之上。每当我对这两类作者提出具体质疑时，词穷之际的回答多半都是—— 一千个读者就有一千个哈姆雷特。

但这只是单属读者的诠释自由。从作者的角度，卡尔维诺深谙写作的别样艰难，为给读者品味模糊与不确定的文学余味，恰恰要求作者对其言辞进行极其精确地布局与限定。若想以建筑同行而非爱好者的身份品评另一位建筑师的作品，大概也一样需要精准把握作品中的精微意象。

正是缘于写序的阅读压力，让我在桌面打开这本译著时，竟有如上赌桌的忐忑，我无法估量开卷后的质量高低。在这本书的简短前言里，作者宣称——对各个部位的理解也会使整体清晰地呈现出来——令我颇为赞同，但其随后又说——理解并不是必要的——又让我隐忧。尽管这一关乎理解的矛盾叙述，很可能只是作者想表达一种——无论如何理解都难以把握斯卡帕作品精髓的谦逊态度。

随后对正文部分的阅读，慢慢让我心安，并颇有意外之得。不只因本书收录了斯卡帕几件我从未见过的作品，也因作者在对另几件我熟稔的作品的分析中，都不乏有让我惊讶的洞察，我渐渐沉浸于或疑惑或赞许甚至走神的阅读状态中。

掩卷之际，我忽然觉得，我对作者与译者的一无所知，或许正是卡尔维诺假设的理想阅读条件——如果我不知晓所读之书的作者，我就既不会因为作者的盛名而盲从其说，也不会因为作者的陌生就轻亵其言。我就可以将自己视为与本书作者一样的研习者，而非高屋建瓴的作序者；我就可以将阅读时那些让我疑惑、赞许、走神之处，进行尽可能准确地批注、增补或延展，而不必考虑它是否具备序言应有的格式。

### 2. 对称与偏移

阅读本书的困惑，出现在第 81 页。

为解释斯卡帕在古堡博物馆设计中刻意为之的不对称，作者引述了斯卡帕自己的一段声明：

“我决定延续一些向上的价值，打破那不自然的对称。哥特式风格需要它，哥特式风格、威尼斯的哥特式建筑风格，并没那么对称。”

但它与本书随后对古堡博物馆庭院构成的对称性分析，颇相睽违：

“在古堡，他需要的是矫正庭院的不对称。为了做到这一点，他决定栽植两排紫衫篱，让自然为他的设计添彩。”

据我所知，内庭平行于古堡的两排紫衫低篱，并非为了矫正图形的不对称，而是要以切割庭地的方式，重组庭中的行为与功能。斯卡帕不只在古堡博物馆以绿篱将不规则的庭地切出一块规则草坪，他还在奎里尼·斯坦帕利亚基金会博物馆以混凝土池岸从庭地中切出一方抬高的草坪（图 1），连在这两处均以切剩的余地组织人流的绕行方式，都极为类似。

就这两处图形切割所具备的确切功能而言，我甚至不相信斯卡帕宣称的不对称是基于哥特式风格的需要，我宁可相信它是斯卡帕对空间布局的改造需要。关于斯卡帕迷恋的不对称，弗兰姆普敦曾以斯坦帕利亚基金会博物馆拱桥为例进行溯源，拱桥两端高低不一的不对称，基于它既要在拱底这端高可过船，又要在桥面那边低可接窗为门，弗兰姆普敦对此的归纳令人信服——非对称的造型，只是满足两种不同要求而产生的微妙结果，而非出自事先的风格追求。

而这本书第 80 页对古堡博物馆布局的一段缜密推论，就像是对这一归纳的绝妙证词：

“只需一瞥，你就会彻底陶醉于展览的布局——那是一条从入口开始便连续不断的路。卡洛·斯卡帕决定把它

图1　奎里尼·斯坦帕利亚基金会博物馆庭园切割，自摄

放在建筑的一侧。将入口放在正中会成为败笔，那会让观众无所适从——向左转，还是向右转？”

向左还是向右的行为困惑，在这本书的第 163 页和第 166 页的文字中再次出现。它位于斯卡帕设计的布里翁墓园的山门间，作者对斯卡帕设计的这处踏步偏移的溯源考察，是我读过的斯卡帕作品论述中最为细微的观察之一：

“山门内侧，在长长的走道前，由五个小踏步立板（riser）和三个大踏步立板构成的‘楼梯中的楼梯’带领人们通向道路的岔口。若不是斯卡帕已经决定了正确的道路，在这里本有两个选择。五个踏步立板的梯段被移到左侧，仿佛是在提示人们向这边走，前往小拱龛。”

作为证据，在斯坦帕利亚基金会博物馆的内庭，我也发现过类似的踏步偏移，在通往西侧那堵有着一条马赛克饰带的混凝土界墙的踏道上（见本书第 135 页图），斯卡帕以四步踏高消解了混凝土池岸起初的桌高，第三步向南的偏移，则让出了北侧已成坐高的池沿，以坐观狭池尽端那方由整石雕琢而成的精美如迷宫般的泄水装置，它与布里翁墓园山门内的踏步偏移，各自表达出斯卡帕在不同空间组织不同行为的精微用意。

## 3. 色彩与表达

当时，在布里翁墓园那座山门内，我虽注意到这处踏步的偏移引起的视觉不适，却没能深究其意。我注视着山门内那两个相交成基督鱼环的圆环中镶嵌彩色马赛克的逆光色彩（见本书 162 页图），一心想要解开由来已久的困惑，眼前这两个左暖右冷的圆环嵌色，并未贯穿到它们朝向庭园的那一面，而是在另一侧交换了冷暖色调。我当时对此的猜测，来自斯卡帕在墓园贯彻始终的生死主题，并尝试着以冷暖来对位生死的二分线索，以考察斯卡帕在墓园中其余几处敷色的确切用意。而这本书则以第 163 页中的另一段文字，对这个圆环双色正反的交错，给出了极为简明的诠释：

“在这个已成为斯卡帕设计象征的相连双环上，右侧用蓝色嵌块代表朱塞佩·布里翁，而左侧用粉色的代表奥诺里娜·托马辛。每个环的正反面都有这两种颜色，这样从山门内外看它们时都是相同的样式：男方的色调总是在右，而女方的色调总是在左。”

作者不但诠释了这个双环中两面颜色的错置缘由，还顺带解释了双环交错出的鱼形含义——它是环绕在基督像周围的神圣的尖椭圆形灵光。据我所知，它同时也是象征女性生殖器的生之象征，它正好能与基督教象征死亡的十字架配对。或许是基于现代建筑的批判性语境，弗兰姆普敦将对这个交错圆环的多种不合现代语境的猜测——太阳与月亮、男人与女人、爱神与死神的对话，一并视为有待商榷的话题，他倾向于将这个交错圆环上镶嵌的红蓝色彩，与荷兰新塑性主义原色体系中蕴含的宇宙价值相联系，并推测斯卡帕对这个问题有着更为深刻的理解。

基于我这些年来习惯的表意视角，我并不愿为现代与传统自身赋予事关表达的权重，我更在意它们在不同语境下的表意能否一样精准。

一方面，既然斯卡帕宣称自己是一个拜占庭人而非威尼斯人，我就尝试着以拜占庭马赛克技术表达天国意象的线索，分析斯卡帕在夫妻墓拱顶敷色的确切意图。按斯卡帕对夫妻墓拱顶材料选择的依据，他之所以选择用彩色马赛克而非涂色的方法来涂绘拱顶，只为褪除它的拱桥意象，但人们对桥的意象，很少由仰视的拱顶所赋予，正是在拱内仰视的特殊视角下，覆满蓝绿相间的马赛克的彩色拱顶，覆盖在两座向对方倾斜的棺椁上空（见本书第 152~153 页图），马赛克斑驳泛光的色彩，不但返照到棺椁的木质顶面，也斑驳成植物葱郁的天空意象，它们复苏了马赛克在拜占庭教堂穹窿上的宇宙象征，并为夫妻墓拱顶涂抹出一幕生机盎然的天堂景象。

另一方面，我也愿意接受现代主义要为日常生活谋求诗意的语境转移。相比于夫妻墓拱所表达的向死而生的古老诗意，我更期望从斯卡帕在墓园中为生者所建的水榭中得到现代启迪。等我亲临现场时，水榭却并未开放，我只能隔着莲池眺望池中的水榭，以及背后混凝土围墙上那条宽仅一格的狭长彩色马赛克饰带（见本书第 168~169 页图）。对这条曾出现在斯坦帕利亚基金会博物馆庭园的横向彩带（见本书第 135 页图），弗兰姆普敦将它们一律视为别具一格的水平元素，但对其别致之处，并无任何评述。

无论是从照片还是从现场看，那条被斯卡帕刻意布置在视线高度上的水平马赛克饰带，或是参考了印象派绘画的色块成像原理，或是距离原因，掺杂在白色马赛克间的几处冷暖色块，它们在远处交错出的水平意象，竟像是墙外植物透墙而过的自然意象，而这堵混凝土围墙，就像被这条马赛克横带裁成上下断裂的两段，并给人造成它穿透围墙的瞬时错觉。

就这条饰带表意自然的视觉感知而言，它与夫妻墓拱顶表意天国的经验，虽有来自传统与现代艺术经验的区别，但都同样表达准确。

## 4. 身体与感知

对布里翁墓园双环上的红蓝两种色彩，弗兰姆普敦曾暗示它们有与柯布西耶的红蓝模度序列的隐秘关联，并试图将双环交错间的基督鱼形与斯卡帕以 11 为模度的情结相关联。而在本书的第 186 页，作者直接引用了斯卡帕自己对此的辨析：

“也许有人会反对，认为即使在尺寸为 1 厘米的网格上也能准确无误——但并非如此，因为 50 乘以 2 是 100，而 55 乘以 2 是 110。如果你再加上 55 就是 165，而不是 150。”

可是，110 比之于 100，或 165 比之于 150，究竟有何特殊之处？

柯布西耶曾痛斥现代米制无关身体的无机属性，他不但以脚腕与英尺同源于“foot”一词，为其模度人制定了 1.83 米的确定身高——它正好是 6 英尺；他还以模度人脚腕侧立的奇特姿态，重申了达・芬奇在《维特鲁威人》中要以侧立的脚腕度量全身的意愿。柯布西耶就以这具模度人身体各个节点分割出的模度，制定了相关身体坐卧乃至建筑层高等各种尺度。

沿着这条有关身体的模度表达，斯卡帕的 1.1 米正处于常人坐姿的视高范围内，而其 1.65 米也属常人立姿的眼高位置。让我困惑的是，尽管柯布西耶曾以比常人 1.75 米身高更低一些的眼高，抨击折中主义宫殿动辄几十米高的纪念性冗余，但在柯布西耶模度两端的多种刻度中，并没为眼睛的高度留下节点。相比之下，布里翁墓园南墙上那条位于视高的马赛克横带，不但控制或调节着整个墓园空间构成的垂直分割，而且其始终位于 1.65 米的视高位置，既提供了宗教所需凝视的持续视觉，又全无宗教空间震慑人心的宏伟尺度。

得益于斯卡帕在一样的视高位置分别设置了围墙上的水平饰带与水榭挂落底边的眼形装置，在我过往所见的从墓园内南望水榭的所有照片，几乎都与本书第 168~169 页的水榭插图类似，一样都呈现出水榭底边与背墙上那条视高的水平马赛克饰带的视觉重叠，我因此猜测，在水榭中透过那位于眼高的眼形借景装置外视，应该有着既自然又具强迫性的奇异感知。而这本书第 164~165 页的插图，就展现了榭内向东北外望的景象，南部高墙间那条彩色马赛克饰带水平绵延至此，并由一堵向内倾斜的围墙接续了其视高高度。我甚至能猜测出照片中这堵斜墙比那条马赛克饰带稍高的缘由，大概是水榭挂落的视高底边有碍相机取景而使得相机被迫下调镜头所致。

站在那方与水榭地坪等高的草坪之上东望，这堵向北延伸的斜墙，就一直处于视平线上，虽说它既能围合，又能眺望庭外城镇远山，但它正好卡在眼前，向着草坪这边内倾的围墙，以及草坪与斜墙间的排水深沟，都在排斥人靠近它并向外张望，一旦我想更清晰地眺望外景，就总会情不自禁地踮起脚尖。这种奇特的视觉滞涩感，直到围墙北折至那个转角空透的双喜图案处，才得以缓解。这个“囍”字的出处，据说是源于中国的双喜烟盒，斯卡帕将“囍”字对称折弯，用以制造转角打开的特殊意象，并以5.5厘米与11厘米这两种尺寸，分别剪裁出混凝土双喜图案的横竖剪影，在“囍”字笔划间的空透处（图2），混凝土斜墙一直蒙在眼前的滞涩感与压迫感，忽然像是划开翳障，透出一角外部的世俗场景，顶部的那条横线，像极了建筑渲染透视中的常规地平线，横线上方，是远处城镇与背后层层远山，横线下方，则是绵延至眼下的青青麦田。

站在这个转角处，我矗立良久。我想，如果有人不再以建筑的地平线为基准，来表达建筑与地面间的物物关系，而是以人的眼睛为基准线，表达人与环境的关系，这将是对建筑学多么重要的贡献！

就物质构造而言，我既未从这个转角“囍”字的混凝土材料中感知到其现代属性；也未从那条马赛克饰带的镶嵌工艺中感知到其传统属性。就造型样式而言，我既未从这个熟悉的“囍”字里，感受到任何中国风情；也未从那条陌生的水平饰带中，感受到拜占庭艺术的熟悉氛围。斯卡帕不但成功地剥离了它们样式化的原境含义，也剥离了材料与工艺自我绑定的时代或地域属性，它们存在于斯卡帕试图重塑身体与环境间的可感意象中：

意象呈现，而物象退隐。

就此而言，陈景女士向我咨询斯卡帕这本译著书名的两种选择——是按英文原著的字面意思译为《卡洛·斯卡帕 超越物质》，还是干脆另以《卡洛·斯卡帕的建筑

图2 布里翁墓园围墙转角双喜，自摄

艺术》为名，我愿意选择前者，尽管“超越”一词，尚不足以把握建筑意象必须着意于物的及物属性，但它远比日益宽泛的建筑艺术一词，要更为准确。

董豫赣

# 前言

构思、凝重、联结万物，而后通过建筑化为实在。它可以用物质在空间中的折叠形成的明暗对比来阐释。卡洛·斯卡帕（1906—1978）赋予他作品的深厚力量在世人面前犹如一种来自上天的启示。当你第一次跨过威尼斯奥利韦蒂（Olivetti）商店的门槛，或是穿过波萨尼奥（Possagno）卡诺瓦石膏雕像博物馆（Museo Canova）的旧楼，来到斯卡帕设计的用光构筑的圣殿时，是出奇的惊叹引导着你的目光。一切都沉浸在崇高的永恒之中，建筑的力量回荡在每个线条、每个表面、每个体块上，赋予着整体犹如希腊神庙般的纪念性古典主义特征。当我们陶醉于它的细节之中时——无论是技术上、还是装饰性上的——心中都会赞叹不已。并且，我们会发现，对各个部位的理解也会使整体清晰地呈现出来。结构与细节融为一体，形成完美的整体和谐。而理解并不是必要的：美，在斯卡帕的作品中，既是一种物质的、又是一种精神的事实，并超越了人的分析。当它出现时，一见钟情的感觉即刻叩动心扉。我们会先关注物质的形式，随后便意识到混凝土的有形特征是多么具有表现力。这在他最后的几个作品中得到了纯粹的极致表现，你会感到那种力量迎面而来。还有，那玻璃是多么不同凡响，犹如一块透明的水晶，将蓝天纳入斯卡帕的波萨尼奥卡诺瓦石膏雕像博物馆。那窗户的设计独具匠心，光让建筑得到升华。随后我们会把目光聚焦在细节上，比如威尼斯圣马可广场中奥利韦蒂商店的马赛克砖上呈现出的拜占庭韵味，它似乎会在阳光的照耀之下将潟湖中的建筑倒影变成一幅画卷；还有布里翁（Brion）墓地中石棺的拱形龛以及建筑山门上的细节。最后，我们会明白，外观与内容是统一的。形式并非包含构思，它就是构思本身。

卡洛·斯卡帕的建筑是一种过程。创造性的行为在制作过程中得到物化，更准确地说是在绘图的过程中。“我想看到物。我只相信它。我把它画到面前这张纸上，以便能看到它。我想去看，而这就是我画图的原因。只有把它画下来我才能看到形象。”他无数的图纸、所有的作品，都是用铅笔、彩笔手绘，用墨水上色，有时还是在油鞣革（chamois）和纸巾等特殊的材料上绘制。这些图纸被保存在特雷维索（Treviso）国家档案馆的卡洛·斯卡帕中心，还有一部分在古堡博物馆（Museo di Castelvecchio）。它们是绝好的记录，让我们能理解这位大师极具创造力的工作方法。从终极的层面看，斯卡帕建筑的根源有着深刻的喻义。

也许，他是最能理解一切艺术之谜的建筑师。这在他的古堡博物馆展览设计上就能一目了然。在那里，每件展示作品都有一个基础性的作用，并能与周围的环境联系在一起。这是由雕塑和绘画主宰的空间，它们以一种简洁的方式分布在这里，让人徜徉其中，仿佛来到了温馨的家。空间和视觉上的路径、远处的通景、不经意的一瞥，还有那知识的道路，都写在了不同层的楼梯、走道和滑门上。欣赏教授（人们常常这样称呼斯卡帕）设计的博物馆无须导游。他本人会引导你的脚步，即使身处布里翁墓园，你对面前的路也会毫无疑虑。置于左侧的踏步就是路标，为你指明了方向。

其次便是他设计的水道。身为富有灵性的威尼斯人，斯卡帕深谙水是不可把控的，因此他决定让水融入他的建筑。在奎里尼·斯坦帕利亚基金会（Fondazione Querini Stampalia）所在的空间，他引导着水的流动。若不是在此，从奥利韦蒂商店马赛克地板上舞动的光影，或是在博洛尼亚的加维纳（Gavina）展示厅里设计的喷泉，也都可看到他处理水的奇妙手法。于此之上，他在布里翁墓园中赋予水一种宗教和冥想的意味——从水池到亭榭，再到流向小拱龛（arcosolium）的水渠。他一切创作的源泉都在光与物质之间的二元性上。

你需要在他的建筑里花上一整天才会意识到，建筑能随时间和季节的变化而变化。洛伦佐・佩纳蒂在拍摄本书中的所有空间时发现了这一奥秘——要等上数小时才能捕捉到那乍现的一束灵光。有时对照片并不满意，过了一天回到原处，他又发现清晨的光更具灵性。这些都是教授匠心独运的效果。而斯卡帕的另一种天赋是为他的建筑营造毫无瑕疵的背景音。虽然听起来有些奇怪，但斯卡帕的建筑也是音乐：奎里尼・斯坦帕利亚基金会博物馆轻柔甜美，威尼斯双年展则现代、近乎"十二音系"（dodecaphonic），而古堡博物馆则像双乐器的管弦乐那样富有活力。这是水的音符，我们将它们作为记忆保留下来，而奏响它们的是照亮斯卡帕建筑空间的无数喷泉。他留下的印记是我们在这趟建筑之旅中学着去认识的词语。它们是不断重现的双环，是随着斯卡帕的作品日渐成熟而呈现出的，愈发清晰而实在的凹口。

卡洛・斯卡帕在作为设计师的一生中追寻的正是那准确的词语，并且最终成功地汇集成了他的建筑语汇，而那鲜明的特征在今日无以复加。这种词语已成为词组，并渐渐化为诗歌。不幸的是，这也是一份遗嘱：阿尔蒂沃莱圣维托（San Vito di Altivole）的布里翁墓园，是这一生都隐于幕后的建筑师旅途的终点。虽然遭到威尼斯建筑协会（Order of Architects of Venice）非法从事建筑工作的不公指责，但是斯卡帕却在这个领域留下了浓墨重彩的一笔，以至于他的建筑作品在今天已是人们的朝圣之地。漫步在他的建筑中亦是一场心灵之旅，一如 18、19 世纪那些穿越意大利大街小巷的旅行者的幽思怀古。

我们小心翼翼地踏入斯卡帕的空间，怯生生的像个孩子。我们坐下来，静静地看着它。我们用手中的卷尺测量它，去理解其中的数学关系。我们描摹，我们拍照。洛伦佐是一位名副其实的情感捕捉者。每一次他都在追求那触动灵魂的瞬间，而为了这一次的邂逅，他不遗余力地尝试让自己进入斯卡帕的世界。显然这并不是那么容易，即使你日复一日地生活在他的空间里，觉得自己几乎对他了如指掌。或许就是数月以来关于斯卡帕的书籍对我的滋养，让我又成为一名学生。我甚至开始认真地削铅笔。我们力图在本书中呈现的，不是一份冷冰冰的图录或者批判性的研究，而是一个故事，一段由引人入胜的篇章和别出心裁的效果组成的童话。至少我们希望如此。我们将赖特和日本对斯卡帕的影响，以及侧重建造技术的论述留给更权威的评论家，而把精力聚焦在美上。我们只选择了可以参观的建筑，希望有朝一日每个人都能去亲身体会那种情感。

本书也历经了艰难岁月才得以面世，或许这是二战以来最令人痛心的时光。新冠肺炎疫情让我们无法完成原本想呈现的一章：巴勒莫（Palermo）的阿巴泰利斯宫（Palazzo Abatellis）博物馆。疫情同样减缓了修复博洛尼亚加维纳展示厅的步伐，修复工作进行到所有工地关闭前的最后一刻。面对所有的艰难困苦，恰恰是卡洛・斯卡帕的陪伴让我们忘记了时光的流逝。这是一支安抚世间的宁神曲，物质与形式、光与影、诗歌与情感，是它的音符。

感谢你，教授！

帕翠西亚・皮奇尼尼

# 目录

# 卡洛 · 斯卡帕

## 建筑作品

1935—1937年和1955—1956年

# 精雕细琢的大师

## 马里奥·巴拉托教室

威尼斯东方大学

现代性无法单纯凭借与过去的鲜明对比而存在：它需要延续性，与先存之物的对话。要赋予新作品以生命，我们就需要认识过去，理解它，并真实地阐释它。

右页图：隔断的复杂木构架

上图：教室内部，隔断上为玻璃板

右页图：附着墙体的构架细部

马里奥 · 巴拉托教室内部及对角处照片

毋庸置疑，卡洛 · 斯卡帕的杰出成就之一，是与早期建筑建立对话的能力。这种内涵丰富、给人深刻印象的视觉表达至今仍令人叹为观止。当你走进威尼斯大学主楼的一瞬间就会意识到这一点，此处是他为有数百年历史的建筑做的设计中较早的一个作品。

热爱画图的斯卡帕曾两度设计威尼斯大学( Ca'Foscari )的马里奥·巴拉托教室（ Aula Mario Baratto ）。第一次是在 1935 年，校长阿戈斯蒂诺 · 兰齐洛（ Agostino Lanzillo ）请他把大学里旧的商业博物馆改造成学校最初的主楼。斯卡帕后来就在这所大学任教。在两年的时间里，这位威尼斯大师重新思考了地面层的新入口，并明确了上面几层的会议室和主厅的两个大空间。对朝向大运河的立面之上 15 世纪四叶形窗的阐释是这第一个方案最重要的部分。玻璃窗带有推拉扇，并分为两个部分。它从哥特式柱子的边线退后，让柱子独立出来，几乎悬在大运河独特的天际线之上。这种效果令人惊叹不已：一个双层幕框出潟湖之上最美的一段，而水景中全无时光的波澜。

在 1978 年同马丁 · 多明格斯（ Martin Domínguez ）的访谈中，斯卡帕解释道，在威尼斯大学的设计中，他 “感兴趣的是通过窗户和室内空间的组织探索同外部世界的关系。因此，木柱与窗并列在一起。通过位置和几何形，它们构成了一种单独的存在，而材料的变化则展示出建筑不同的特征。因此，我用连接件和金属构件把柱子固定在楼面上，这种搭配上的矛盾显然得到了化解。这是每一个建造者永远都不会放弃的话题，只不过时代不同解决办法也不同。我想这就是折中主义的弱点：关于过去，重要的不在于最终解决方案，而在于提出问题，即建筑中需要解决的关键点。”[1] 随后，教授表示，“如果有原始的构件，就必须保留下来。任何其他改动都必须经过全新的设计和深思熟虑。你不能只是说，‘我要做现代的东西，所以我会用钢和平板玻璃。’木头可能更好，或者一些更朴素的材料。除非你有某方面的教养，不然怎能说出某些话来？——就像福斯科洛（Foscolo）所说的，受过‘历史方面’的教育，也就是具备丰富的知识——除非你接受过历史方面的教育。”[2]

1955—1956年，在第一次设计的二十年之后，斯卡帕再度被请到威尼斯大学。这次是将“马尼亚教室”（Aula Magna）改造成教学空间。这个讲堂是以马里奥·巴拉托命名的。他是学校的一位教师，也是著名的文学评论家。首先，这个大空间里没有占去大部分面积的木讲台。可这个设计带来了一个问题：这座未来的讲堂也连接着旁边的两个房间。所以斯卡帕要做一条走道，让人能在不打扰讲座的情况下穿行于房间之间。在做了各种研究和草图之后，他设计了一个令人惊讶的隔断——可以让人自由行走却不阻挡光线的木格架。从逻辑上讲，一堵简单的墙足以形成隔断。但在教授眼中这显然是不行的。他的构思非同凡响：用从20世纪30年代设计的学生座椅上拆下来的胡桃木、樱桃木和山毛榉木木料重新构造的一件艺术品。他的作品像森林中的树木一样生长，而向上的枝杈之间有一扇扇屏风，开合之间让人得以窥见厅内究竟。这个空间的显露靠的是一系列可开合的隔板，隔板安装在铁和黄铜制作的枢纽上，其上有着一条条天然的麻纤维纹理。这就将教室与来来往往的学生隔开，而不会挡住从立面的四叶形窗射入的光线，从而照亮整个空间。交错的木梁呈现出一种大道至简的图案，仿佛这个构成意欲承载屋顶的重量，并形成了独树一帜的细木壁板（boiserie）。这是一件精心设计之作，尽管如布鲁诺·泽维（Bruno Zevi）所说，“设计”一词对斯卡帕而言太小了。这里的天花板也是由原材料制成的：看上去像木船甲板的木盖板，立在边缘上的木梁，让人窥见平綦天花的虚空间以及放置霓虹灯的细小裂口。在这个原本哥特式的房间里，斯卡帕创造了一个蕴含着匠心与光明的空间中的空间。一个有着数百年历史的建筑，由此变成了一个富有当代气质和时代感的场所。

在这座讲堂里，他还装设了一个由胡桃板构成的木平台。它就像一块大拼图，上面撑着一个大理石檐口和讲台。一个肃穆的场所，因为大理石台座而显得更加质朴。过去那里陈列着国王维克托·埃曼努埃尔三世（King Victor Emmanuel Ⅲ）和墨索里尼（Mussolini）的胸像，两者在法西斯倒台后被清走。在大堂里还有两幅1932—1933年的壁画：马里奥·西罗尼（Mario Sironi）的《威尼斯、意大利与研究》（*Venice, Italy and Studies*）和马里奥·德路易吉（Mario De Luigi）的《学校》（*The School*）——这是斯卡帕的至交与合作伙伴的作品。家具设计也出自斯卡帕之手，尽管家具是在他过世后才制成。

连接地板的构造细部

左页图：可开合的隔断板

“（我）感兴趣的是通过窗户和室内空间的组织探索同外部世界的关系。因此，木柱与窗并列在一起。通过位置和几何形，它们构成了一种单

1948—1972年

# “激情燃烧”的二十年

## 威尼斯双年展

威尼斯

艺术、当代装置和展览，这便构成了威尼斯双年展。卡洛·斯卡帕是当代博物馆学（museography）的集大成者和创新者。早在20世纪70年代，法国艺术史学家安德烈·沙泰尔（André Chastel）就曾写道：“许多意大利的旅行者都只知其名，不知其艺：他是那里最杰出的艺术展览设计师，或许在全欧洲也是。”

右页图：中央馆里的雕塑花园

倘若世上有个一切都宛如坚石刻成的地方，那就是威尼斯双年展。自 1895 年创办以来，这个举世闻名的当代艺术展立即成为国际艺术活动中的先锋。这一显赫的地位直至今日丝毫未变。一百多年的历史中，许多值得铭记的艺术家、批评家和建筑师在这个舞台上亮相，包括兼任展览设计师和建筑师的卡洛·斯卡帕。斯卡帕那因第二次世界大战而熄灭的激情之火，终于在 1948 年被希腊馆中古根海姆藏品成功点燃。而他与双年展的不解之缘以 1972 年他设计的意大利馆的意大利雕塑展而告终。

斯卡帕与双年展的紧密合作为他带来了发现艺术家、收藏品、学者，以及同他景仰的大师当面交流的机会——后者是他最为看重的。正是在这里，1947 年他邂逅了弗兰克·劳埃德·赖特（Frank Lloyd Wright）。随后，在有机主义（Organicism）的影响下，他设计出了许多重要作品。1948 年，还是在威尼斯双年展上，斯卡帕迷上保罗·克利（Paul Klee）的作品，并为他设计了一个重要的回顾展——该展览因其完美的和谐而被载入历史。

但展览设计都是昙花一现，留给后世的也只是寥寥几页字、许多草图和些许有趣的图像。它们如今被保存在特雷维索的卡洛·斯卡帕中心（Centro Carlo Scarpa）。今天能看到的是他多年来在双年展花园中设计的建筑方案。正如他在 1951—1952 年设计的售票亭，那是真正意义上的原创作品。他要设计的是可以彻底拆卸后再重新组装起来的装置，这样在展览结束后就可以收藏起来，使其免受风雨侵袭。这是一颗耀眼的珍珠，一尊雕塑作品。但今天，作为 70 年前迎接精英而设计的两扇门，它们已不合时宜，很难应对现在巨大的人流。在被复原并重新安装到位后，它已不会在闭幕的 11 月拆除，而是用木结构加以保护。

斯卡帕在花园里投入精力和情感最多的方案，无疑是中央馆的小庭院布局。这个作品作为建筑全面更新方案的一部分，是 1952 年由威尼斯双年展秘书长鲁道夫·帕卢基尼（Rodolfo Pallucchini）委托给斯卡帕的。其目的是改善这个在夏季过热的建筑的通风。斯卡帕决定在拆除三个房间的屋顶后建一个小内院，以此作为雕塑的陈列空间和这座大馆的观众休息区。这个怡人的雕塑花园是一个精心营造出来的场所，四周是高高的裸露砖墙，有亮面混凝土板铺装，还有围合水池和五叶地锦池的矮墙，藤蔓是这里唯一的自然元素。这是一片名副其实的宁静绿洲，四季的交替为游人带来了千变万化的景观。进入深冬，这座建筑没有了植物的生气，变得粗糙，体块更为锋利，形式在整体上也更加有力。到了夏天，这个空间又因为葱郁的叶子变得更加柔和、轻快，为欣赏它们的人送去酷暑中的几分舒缓与视觉上的放松。假如你在秋天参观双年展，场面就更加热烈了，因为雕塑花园会变成一团鲜红的火焰。

这个长方形的空间以三根巨大的椭圆形混凝土柱为主导，它们支撑着一个钢筋混凝土天篷。支撑结构上层的几个凹处都有不同的朝向，那里是植物的容身之所。尽管使用了混凝土，这里给人的印象却是轻盈的，在一定程度上是因为天篷纤细的形状，以及轮廓纵长的硕大立柱。这里的一切都仿佛悬在空中：三根柱子似乎支撑着巨大的重量，看起来雄劲有力；而天篷支在钢球上，宛如一位亭亭立于足尖之上的舞者。

若说平面拥有完美的规则形状，那么最出人意料的便是屋顶的设计：那是由三个直径各不相同的圆切割而成的不规则三角形。在这个空间里，水再次成为当仁不让的主角。它的旁边有两座喷泉，喷涌的水奏响了这个共鸣建筑的背景音乐。这是一种天人合力、又皆由人作的自然，体现出深厚的艺术韵味——正如斯卡帕的至交、雕塑家阿尔贝托·维亚尼（Alberto Viani）所注意到的那样。他拒绝在庭院中展示自己的作品，并表示：“假如这座花园本身就是一尊雕塑，并且有着诗意的笔触，那一件拙作为何要忝列于此？雕塑之下的雕塑简直闻所未闻。”[1]

斯卡帕还设计了进入中央馆的路径和内部空间的新布局。他先后在 1962 年和 1968 年尝试以娴熟的手法用外部语汇与内部空间之间的反差，使立面更具当代特征。他先以一系列低矮的砖墙将立面“打破”，再用隔断让它前面的门廊（pronaos）若隐若现。中央馆的方案还包括开辟朝向贾尔迪尼运河（Rio dei Giardini）的新窗户。它们隐于墙后多年，后来在 2018 年由伊冯娜·法雷尔（Yvonne Farrell）和谢利·麦克纳马拉（Shelley McNamara）策展的建筑双年展上被发现，并被重新打开。

当你离开宽敞的展览空间，来到参加双年展的各个国家多年来创造的建筑中间，你会看到 1954—1956 年斯卡帕设计的委内瑞拉馆。这座建筑的体形有“一种克制而高耸的形式，”描述总体方案的报告中写道，“如果考虑到右侧瑞士馆明显的平坦特征，以及左侧苏联馆的锥形立方体，人们就会看到这是一种形式上的必然。”事实上，这套方案并不是像第一眼看上去的那么简单。这个体形是由两个高度不同、在平面上错开的平行六面体组成的。一条下沉通道将它们连接起来。上面有一道铁天篷，外盖铅板，内覆木板。在这两个展室里，自然光从宽大的天窗里射进来。天窗由竖直的墙面上方一直开到平屋顶，由透明玻璃包围，从那里可以欣赏天空。正如在波萨尼奥的卡诺瓦石膏雕像博物馆将光作为首要的因素那样，卡洛·斯卡帕赋予光一种特殊的形状，并以此设计空间，使他那清晰透彻、表现本质的建筑化成绝对的尺寸。这些天窗的设计意在提供最佳的采光：阳光在室内由两个方向相对的精妙设计作为引导，避免了阴影给展品造成的强烈干扰。

委内瑞拉馆室内外所有的空间都由混凝土板铺装而成，而各个展厅的结构都是钢筋混凝土的。斯卡帕将色彩也视为一种材料。他为墙面选择了一种淡雅的象牙大理石面，朝北的房间天花板用冷色调的青灰，而朝南的房间是明显更温暖的黄色，以形成同自然光的完美融合。露台局部被混凝土板遮盖，而支撑它的是一对钢柱。这个母题以更大的尺度出现在维罗纳大众银行（Banca Popolare di Verona）总部的设计上，那里的铁和黄铜连接件犹如宝石一般。而这个空间被一个沿椭圆线旋转、6 米长的镶板封闭起来，由一个覆盖着木条板的铁框架组成。木条板外侧拉绒烧黑，内侧刷白。

这个露台花园被包围在建筑之中，在斯卡帕的构思中是一处静休的空间。同所处的建筑一样，它也是用混凝土建成的，并被一堵围墙抬升起来。墙上开着旋转 45° 的小方窗，透过它便可凝视潟湖。

这个宁静的角落处在威尼斯双年展那样的奇妙花园之中。它基本的形式与建筑的理性呼唤着人们对万物之美进行沉思。卡洛·斯卡帕创造的两个展馆里的两座庭院仿佛威尼斯典型的园地（campi），小巧玲珑，镶嵌在建筑之间。有时还要通过一条巷道（calle）或连廊（sottoportego）才能一睹其芳容。在这位当代大师的作品中，有一种深刻的记忆同视觉上的刺激和个人研究交织在一起，那就是他对弗兰克·劳埃德·赖特的有机建筑和日本的禅境花园的爱慕，尽管那时他还未曾亲见，仅是凭想象自由发挥。

右页图：雕塑花园中的喷泉之一

左页图、上图：中央馆里的双环窗

带天窗的委内瑞拉馆立面

右页图：侧入口的双柱细部

旋转45° 的方窗

左页图：委内瑞拉馆的侧入口

1955—1957年

# 甜言蜜语

## 卡诺瓦石膏雕像博物馆

波萨尼奥

在外观上，它是无形的，难以捉摸。在现实中，如果你知道制作它的材料，那它就成了一种创作的手段和谱写曲调的音符。光是塑造建筑体形的韵律，是卡洛·斯卡帕用来将空间赋予超越想象的实体的第四维度。

右页图：博物馆斯卡帕厅里的《持铙舞者》（*Dancer with Cymbals*）和《手指托着下巴的舞者》（*Dancer with Finger on Chin*）雕像

陈列《三美神》（*Three Graces*）的远观厅室外（上图）和室内（下图）

在特雷维索省波萨尼奥的卡诺瓦石膏雕像博物馆里，由时间变换带来的自然光发挥了关键作用，将一处原本不起眼的空间变为值得铭记的博物馆。1955 年，随着安东尼奥·卡诺瓦（Antonio Canova）两百年诞辰的临近，美术监督委员会（Superintendency of Fine Arts）委托斯卡帕为这位雕塑家住所改建的博物馆进行扩建。意大利刚刚走出第二次世界大战的阴影，这座建筑在草草修复之后，基本可以迎接它的展品了。这些雕像之前被小心地分割后，收藏在博物馆数百米外的卡诺瓦神庙（Tempio Canoviano）的地窖里。但那个空间并不合适存放藏品。威尼斯的学院美术馆（Gallerie dell' Accademia）决定将一些大件的石膏雕像转移到波萨尼奥暂存。其中包括《赫拉克勒斯与利卡斯》（*Hercules and Lichas*）和《忒休斯斩杀半人马》（*Theseus Slaying the Centaur*）。添置这些作品从根本上改变了整个 19 世纪展厅的次序和结构。这需要一个新的布局以及一个新展厅。设计新布局的任务委托给了路易吉·科莱蒂（Luigi Coletti）——特雷维索市民美术馆（Pinacoteca Civica）后来的文物保护师。1948 年，波萨尼奥市又委托一位当地建筑师福斯托·斯库多（Fausto Scudo）创造新的空间。而这两个空间后来被斯卡帕拆除。

斯卡帕对展厅的改建于 1957 年 1 月 21 日开始。就在当年 9 月正式启用之前，它在没有完工的情况下遭到弃置。指责斯卡帕延期完工的声音此起彼伏。可众人皆知，他绝不认为自己的工作已经完成。在设计阶段，他进行了无数次调整，后来在工地上依然如此。聘请他就意味着竣工的时间和造价永远是个未知数。但今天回顾这一切，斯卡帕在创作空间上花的每一分钟都是不可或缺的。毕竟，当你面对一件艺术品时，时间的意义是什么呢？

斯卡帕在波萨尼奥的工作并不轻松。他不得不与委员会博弈，而委员会要求他遵守获批的时间表和项目内容。此外，波萨尼奥社区对这座新建筑也颇为在意，并表示出忧虑，因为它有怪异的角窗和玻璃墙。“这一切都非常耐人寻味，极具特色”，比安金（Bianchin）在《公报》（*Il Gazzettino*）上写道，“甚至有人不同意，提出反对意见。可要注意的是，在这个新展厅里，透过宽敞明亮的窗户可以欣赏到周围的美景和阿索洛山的远景。窗外带来的平和、散漫的光会让卡诺瓦的作品升华到另一个层次。”

由于地段所在位置，斯卡帕还不得不解决许多实际问题。那里有不少崎岖的地形，表面有多处汇水，会给基础带来问题。他还要建立一种和谐的构成关系，以免与1834年威尼斯建筑师弗朗切斯科·拉扎里（Francesco Lazzari）设计的早期建筑形成强烈的冲突。他在推敲方案时将扩建部分分为两个体块：一个是方形平面的垂直体，叫“塔楼”（Torretta）；另一个是顺坡而下的梯形，并有带退台的楼面，以及朝向喷泉和花园的大玻璃墙。抬起的立方体有四个角窗、两对不同的天窗：凹进的平行六面体朝西，两个立方体向东凸出。新的展厅在这座建筑和拉扎里早先的建筑之间延伸出来，好像一个瞄准《三美神》雕像群的望远镜，并以俯瞰花园的大窗收尾。“我想给卡诺瓦的《三美神》一个绝妙的位置，所以决定做一扇高高的窗。我把它收进来，是想营造出一种将光嵌入建筑的效果”，教授解释道。这个多阶层的空间一端是实墙，另一端是钢柱和过梁。它一部分被硕大的玻璃墙围合，另一部分由一道道松软的维琴察（Vicenza）石块包围，上面还有许多透光的洞口。地面是切割成大块板的奥里西纳（Aurisina）大理石，并向展厅的尽头倾斜，形成了一条舒缓并给人亲切感的路，带人走向整个环境的高潮——《三美神》，它是卡诺瓦最负盛名的作品之一。这个新的空间通过交错的光影、体形、尺寸和氛围，与19世纪的展厅完美地连成一体。如果说拉扎里的建筑是纪念性的、静态的、威严的，那么斯卡帕的作品就是流动的、不断变幻的、稍纵即逝的。在早先的空间中，光不会让雕像得到升华，阴暗笼罩着它们。斯卡帕的室内空间则沉浸在生机盎然的光影之中，赋予了石膏雕像鲜活的生命。在这个灵动的地方，大理石、质朴的混凝土、涂漆钢、木材、玻璃、石材和水随着阳光的节奏翩翩起舞，并用婆娑的靓影创造出新的建筑体形。

斯卡帕对细节的关注永远是令人痴狂的，从钢裙板到大理石踏步——它们看似悬空，就像现代考古遗迹中富有生命力的元素那样漂浮着。人的目光由远景被引向室外，朝向花园，朝向那座小喷泉——那里还有构成《三美神》背景的水池。这处美景通过朝向天空的几何形开口映入室内，让人们去欣赏那无尽的云卷云舒。这些窗的形式营造出一种超凡的建筑效果。“我想剪下一片蓝天”，斯卡帕写道。这一效果会随时间变换而变幻。令人惊叹

上图、右页图：拿破仑 · 波拿巴（Napoleon Bonaparte）胸像的石膏模型——光随时间的流淌改变了房间里的氛围

的是，在午后时段，天窗会献来一道彩虹。它慢慢地从《仙女》（*Nymph*）婀娜的造型上飘到展厅中间《持铙舞者》的脸上。然而，奇妙的光影效果并没有局限在天花板的大开口中。在新旧卡诺瓦石膏雕像博物馆之间有一条通往喷泉的室外小径。在这里，斯卡帕竖起了一道开有小方洞的墙，一天中的某个时刻会在房间的白墙上洒下几何形的影子。你从这里就能窥见那几尊雕像，似乎斯卡帕想让观众在这里玩捉迷藏。

这些作品置于独立的特殊空间中，而这些空间又被构想成一个整体。正如布鲁诺·泽维所说，在众多展览和博物馆的设计师中，斯卡帕或许是唯一从心底热爱绘画和雕像的人。他满怀激情地钻研它们的特征，而后才确定每一个的位置和角度。这里没有一处不凝结着他的匠心。在通向高层展厅的路上，《持铙舞者》以她轻盈的步伐和抬起的臂膀展现出优美的身姿，邀请观众上前，走向《三美神》玉立其中的远观厅。

一尊尊雕像栩栩如生，而严肃的拿破仑胸像在墙上巧妙摆放的位置，好像他在情不自禁爱怜地看着调皮的《水仙女》（*Naiad*）。《阿多尼斯和维纳斯》（*Adonis and Venus*）则在一个幽静的地方孤独地拥抱在一起，守护着他们的秘密。

斯卡帕设计了不同的展示用装置和支架，以适应每尊雕像的情况：倾斜的雕像用铁托支撑，胸像用墙上的架子和石座支撑，立姿雕像用混凝土底座支撑。最后是陈列草图的全玻璃橱窗，它重量轻、体积小，立在一个铁架上，高度足以让人看清展品。在雕像白色造型的背后，光滑的白墙延展开来，彰显它们的容光，弥补了斯卡帕眼中石膏的“空白”。沐浴在光线中，石膏竟显现出大理石般的尊贵。关于这个展览设计，斯卡帕评论道：“它们不是画，而是雕像；这些雕像不是大理石或木头的，而是石膏的。这是一种没有定型的材料，不仅会受风雨侵蚀，而且需要光，适宜安设在阳光下的位置。阳光照耀下的雕像绝不会呈现不好的效果。”

展览空间的精雕细琢与这位意大利新古典主义大师作品的和谐、均衡与优雅完美共存。建筑师成功地发掘出卡诺瓦艺术语言的精髓与灵魂，创造出超凡脱俗的效果。艺术在一场甜言蜜语中与建筑融为一体，而建筑师与艺术家共奏一曲交响乐。时代的分隔不复存在，历史延续到当下，而安东尼奥·卡诺瓦与卡洛·斯卡帕合二为一。

右页图：透过外墙上的方形窗瞥见《三美神》
第46~47页图：光塑造出的《三美神》细节

“我想给卡诺瓦的《三美神》一个绝妙的位置，所以决定做一扇高高的窗。我把它收进来，是想营造出一种将光嵌入建筑的效果。”

房间中在《丘比特与普绪喀》（*Cupid and Psyche*）雕像上的光影变幻

左页图：天窗细部

第52~53页图：照亮乔治·华盛顿雕像的天窗

1956—1960年

# 与大自然的对话

## 卡多雷圣母堂

博卡迪卡多雷埃尼村

有的项目被客户称为“乌托邦之梦”，但如果这位客户名叫恩里科·马泰（Enrico Mattei），那么角色就会转换过来。这位雷厉风行、高瞻远瞩的实业家是埃尼集团（ENI）的舵手。在20世纪50年代初，他设想将阿尔卑斯山中的一个村庄打造成企业员工和家属的度假胜地。

右页图：倾斜的60°的悬山顶和尖顶

左页图、上图：室内外的连续对话——窗户从支撑鸣钟和尖顶的建筑体形中凸出

屋面系统的两个细部

第60~61页图：坡屋顶与挂钟的尖顶

为6000人创造一处休闲设施，而不区分任何层级，让所有人都可以在此享受自己的田园之梦——这是贝卢诺省（Belluno）多洛米蒂山（Dolomites）一个小村庄的故事。后来它被列入联合国教科文组织（UNESCO）世界遗产。在10万平方米的林地之中，它坐落在博卡迪卡多雷市（Borca di Cadore）的安特劳山（Mount Antelao）脚下。

科尔特村（Corte）以高标准建成，服务设施人人可用，没有层级特权（别墅房间是从包括管理层和工人的所有员工中抽签分配的）。它是一个带有社会主义倾向的文化试验，远远领先于它的时代。项目被委托给爱德华多·格尔纳（Edoardo Gellner，1909—2004年），一位来自伊斯特拉（Istrian）的建筑师。正如世间常有之事，一个踌躇满志的工作计划往往会酝酿出另一个成果。格尔纳是20世纪中叶意大利和国际建筑领域的领军人物，并写有许多以景观和阿尔卑斯山乡村建筑为主题的专著。他独立完成了整个村庄的布局，除了教堂——那是他在生活研究与装饰方面的导师卡洛·斯卡帕的指导下设计出来的。同为皇家威尼斯建筑大学（Regio Istituto Universitario di Architettura di Venezia，RIUAV）的学生，格尔纳是斯卡帕的至交。两人关系极其密切，以至于在1956年9月，他与斯卡帕的合作一拍即合。

建设工作于1958年启动，在1962年马泰遭遇离奇的空难后终止。那时已经建成270座房子，是计划的一半，还有40间儿童单人小屋“固定帐篷”，以及一个休闲中心、旅馆和教堂——1961年完成祝圣的卡多雷圣母堂（Nostra Signora del Cadore）。

这个充满创造力的过程被记录在这两位建筑师往来的信函里，其中包括 1956—1959 年的图纸，以及斯卡帕 229 个方案的作品，此外格尔纳的自传《准日记》（*Quasi un diario*）里面也写满了他们合作的经历。对于今天想参观这个村庄的人而言，一切都是当初的样子。1995 年解除委托后，2000 年它被米诺特公司（Minoter）收购。该公司与当代多洛米蒂山项目（Dolomiti Contemporanee）和博尔卡计划（Progetto Borca）合作，用数年时间启动了一个重新开发和复原的项目。这个建筑群至今仍十分迷人，以至于国际奥委会提名科尔蒂纳丹佩佐（Cortina d'Ampezzo）与米兰联合承办 2026 年冬奥会前，曾考察了它作为奥运村的可能性。

远远望去，这座教堂有如群峰之巅、林中之冠。其间隐藏着马泰委托建设的小度假村。那高耸入云的尖顶，细如纤指，直指苍天。上前近观，更是妙不可言。教堂似乎是用大山之石直接建成的。墙壁给人顺应四周天然地形的印象，而粗糙的表面仿佛可以让一个娴熟的阿尔卑斯山攀登者爬上去。墙体由混凝土混合物制成，并覆盖着镶面板，再用不规则的水平凹槽使表面更加自然、突出，宛如一块露出地表的岩石。大自然犹如建筑的一部分，并几乎与它融为一体。正如两人都仰慕的建筑师弗兰克·劳埃德·赖特所说的，“没有哪座房子应当盖在山上或是什么东西上。它应当属于那座山，与其合一。山与房子应当共生共存，相得益彰。”

这座教堂有一大段花岗岩和木头制成的踏步。在自然与人工相冲突的地方，两位建筑师渴望将它们融合，并凸显出来。而将树桩嵌于混凝土中构成的前厅铺地就是他们设计开始的地方。构成其表面的一些元素经过“切割”后被设计成一个十字架。在这里现代性与景观性相辅相成。在城市里用混凝土和铁做建筑很容易，而在大自然主宰的天地中则要复杂得多，也迷人得多。这里需要古人所谓的“场所精神”（genius loci），而将它阐发出来的是两位建筑师革新性的愿景——他们在这里发现了一种与大山建立关系的途径。建筑的形式是带有 60° 陡坡的小屋，上有四周敞开的大钟和一个 68 米高的尖塔支撑着带有许多金球的立体十字架。一个鲜明的“斯卡帕式”细部体现出这位威尼斯大师的拜占庭想象。与之构成反差的是教堂后面的一条颇具日式风格的小径，它通向教区牧师的宿舍。马泰的朋友——方济会（Franciscan Order）的辛普利恰诺神父（Fr. Simpliciano）当时就住在那里。

这个紧凑而高大的建筑体形由三个元素组成：教堂自身在中间，旁边是一座三角形的礼拜堂，右侧是支撑一组大钟和尖顶的建筑物。其建筑意是通过一系列桁架表达出来的，这些桁架由非对称的钢连杆构成，以混凝土柱来支撑。中殿（nave）和侧廊（aisle）的平面图中，中殿明显比两个侧廊大，两侧采用连续条窗设计，将景色引入教堂。支撑柱的覆板引发了斯卡帕与格尔纳之间最有趣的一个讨论。

斯卡帕希望让“高度各异的楼板在转角处有交错的连接件”，一如威尼斯的奥利韦蒂商店。而格尔纳更想做一块与柱子等高的巨板。他的构想在这里更受青睐，但固定巨板的铁钳子比斯卡帕的设计略逊一筹。在两人处理教堂室内的有趣分歧之中，值得注意的是通向神圣空间的路（朝前厅完全敞开）以及祭坛的最初布局。关于这个入口，格尔纳写道：“斯卡帕在设计精致的合页、门锁和把手，乃至复杂的推拉系统上匠心独运。比如教堂正面的推拉墙，它可以将中殿与前厅连通。他为了这面墙连续工作了 3 天，这令我大为恼火，因为我们还有很多地方要处理。我发现他创造出的推拉系统和在维罗纳的古堡博物馆做出的一样。”这座教堂可以由一系列处在纤细网格中的木门完全打开，上面装饰着小巧玲珑的透明玻璃嵌块（Tesserae）。一道铁制滑轨让这些大门能够移动到侧边并收起。

在第一版方案中，教堂要更大一些，但后来被缩小了尺寸。通过向大前厅敞开，它就能容纳更多的人，同时营造出一种与自然环境连续的对话。这座教堂没有后殿（apse），室内的尽端是一个架起来的矮圣坛（Chancel），里面是根据斯卡帕方案制作出来的高祭坛，其当之无愧是当代宗教建筑设计界的一颗宝珠。尽管造型完全出自斯卡帕之手，但牧师面向信众的位置是格尔纳决定的，而这成了第二次梵蒂冈大公会议（Vatican Ⅱ）遵循的先例。更确切地说，这是他对当时风俗和成规的挑战。

今天我们已经习惯于看到司仪面向信众，可在这座教堂建成时，那还远不是约定俗成的，事实上甚至无人提倡。在最初提议时，祭坛位置的设计被主教贝卢诺驳回了，而后，在马泰的调解和特雷维索主教奥利沃蒂（Olivotti）神父的赞许下，这个设计被全盘接受。五年后，格尔纳在日记中回忆道，“在第二次梵蒂冈大公会议之后，新的规则要求调转祭坛，面向信众。”

所有的家具和穆拉诺（Murano）玻璃吊灯都是斯卡帕设计的。这从许多明显带有他风格的细节上就能看出来。实木制成的信众讲台由一个淡橘红色（Rosso di Verona）纪念碑式大理石台座从地面上抬起。同样的材料用在了圣水盆（Stoup）和布道坛（Pulpit）上。这两个都是真正的巨构物，上面的雕刻体现出教授在圣物上倾注的心血，这种匠心在布里翁墓园的设计上亦有重现。白色大理石祭坛立在圆形的平台上，是纯粹设计的产物。它洁白无瑕，内嵌十字架，两侧分别以三个烛台做装饰。在中间，青铜神龛（Tabernacle）刻有交错的几何形，中间构成一尊十字架图案。（交错几何形）这个要素是用各种材料来阐释的，是教堂各处的装饰性主旋律。它由混凝土塑形而成，是入口天花板的设计；雕刻成玻璃棱镜的它成了侧门上的雕带（frieze）；在地面上，在树桩里，是它赋予铺地以韵律。

就像许多合作设计的成果一样，其中的边界是非常模糊的，在今天准确区分哪部分出自谁之手是很难的。建筑往往是设计者表达强烈自我意志的创作，会被强加一种表现个人风格的欲望。这种“标签”一般会倾向于某个人，但在这里不是这样。在博卡迪卡多雷，建筑是真正的主角，从两位对现代性都充满激情的建筑师的通力合作与持续交流中生长出来。在教堂的建设中，他们并肩工作，对比图纸，修正细部，讨论尺寸和饰面，将两人的个性融合为一种相辅相成的力量。这一点我们从格尔纳的日记中可见一斑，里面有大量的讽刺观点、玩笑漫画和方言词汇。从字里行间中我们发现斯卡帕总是带着一位助手。一方面，他需要一个一直给自己削铅笔的人，因为斯卡帕要求笔头永远保持扁平或手术刀( sca’peo )的状态；另一方面，斯卡帕需要一个倾听他独白的人，尽管这位助手常常无法达到与他对话的层次。斯卡帕总是在工作的同时讲话，评论他手上正在画着的图。这两位建筑师之间讨论的是技术问题，并从两人提出的办法中选择其一。格尔纳日记中没有一丝火药味。他们通过图纸探讨柱子或屋顶支撑梁的形式。格尔纳的日记里写道，斯卡帕从没有对他的创作做过批评，顶多“他会全神贯注地钻研一个卡住他的细部”。在满是趣闻轶事的文字中，我们会了解格尔纳对合作的渴望与对这位超越一切成规的大家的景仰——斯卡帕，一位被多洛米蒂山的壮美所打动，把老鹰和乌鸦混为一谈，总是深陷于细部之中不能自拔的奇人。他（斯卡帕）与这位熟悉并深爱阿尔卑斯、事事井井有条的阿尔卑斯建筑师形成了鲜明的对比。正是因为他、因为“他的军营法则”，工作才能顺利推进，教授在他学生的书中坦陈。而斯卡帕对他这位伙伴的评价恰如其分，这位伊斯特拉建筑师的专断之风，至今仍回荡在山谷之中。

第64页图：教堂前厅铺面，混凝土中嵌有树桩

第65页图：混凝土集成物的外墙

带玻璃凹雕（Intaglio）的十字架形侧门

右页图：青铜把手

第68~69页图：带有青铜神龛的白色大理石祭坛

“尊重过去唯一的道路，就是成就真实的当代之作。”

卡洛·斯卡帕设计的穆拉诺玻璃吊灯

右页图：侧廊内景

第74~75页图：教堂入口的天花板细部

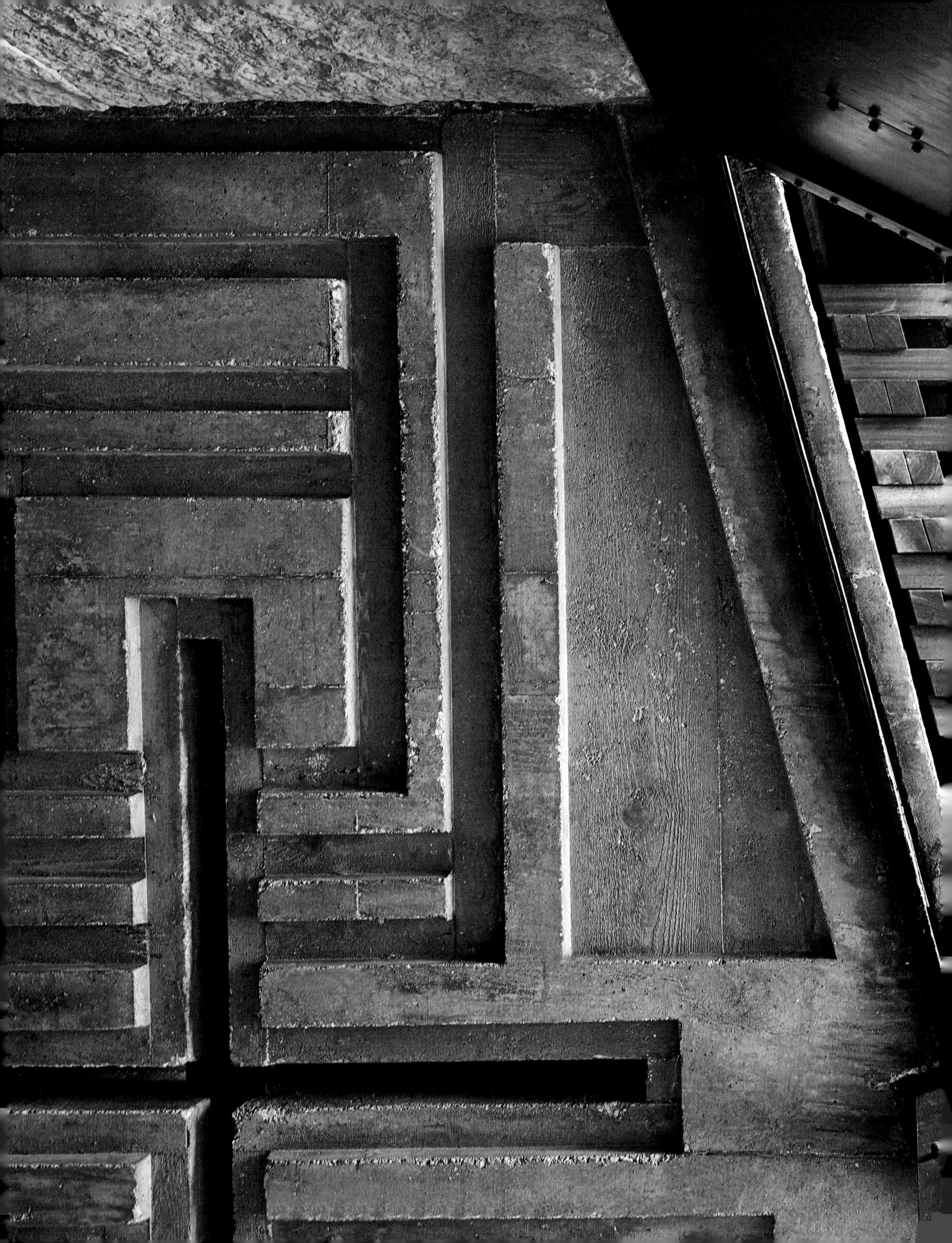

1956—1975年

# 维罗纳盛史

## 古堡博物馆

维罗纳

博物馆里拥有布满知识的道路，是由近前的美、远方的诗，由不经意的一瞥，以及斑驳的光与景道出的故事。在这里，一切皆无成规。在古堡博物馆里，一切都沉浸在强烈的渴望与深刻的思考之中，直至那最微小的细节。

右页图、第78~79页图：在城堡与上层廊道之间，坎格兰德·德拉斯卡拉一世（Cangrande I della Scala）骑马像四周的步道系统

地面层的双层玻璃从室外看（上图）和从室内看的景象（下图）

古堡之中自成一体，而令人印象最深刻的是你一踏入古堡便能感受到这世外天地。只需一瞥，你就会彻底陶醉于展览的布局——那是一条从入口开始便连续不断的路。卡洛·斯卡帕决定把它放在建筑的一侧。将入口放在正中会成为败笔，那会让观众无所适从——向左转，还是向右转？而这条路从一开始便引人入胜。你即刻便会被一种艺术的氛围所吸引，步步前行，时而徜徉，时而疾进。这边是远方的一瞥，那边是精妙的细节。跨过人行桥，登上楼梯，你会看到，光与影或在彩绘的面容上徘徊，或在中世纪的雕像上流连。

艺术品的历史分期在策展中仍旧被保留，但这并不是诠释艺术的必要条件。人们会觉得，对于斯卡帕，艺术是没有完成时间的，也不可以比照历史去划分的。他感兴趣的是在艺术品与建筑之间营造出一种无声的对话，因为正如布鲁诺·泽维所写，斯卡帕的建筑无论过去还是现在都是“诗意的形式的盛宴”。在这里，以布局、自然光和创作为氛围的推敲激发着人的学与悟。而仿佛无意为之的是这些绘画和雕像不再出于实用或理论的考虑，按学术上的顺序陈列，而是相互之间形成一种和谐的关系，并与周围的布置共同道出一个秘密：时至今日仍未尽言的，一场如希腊悲剧般荡气回肠的大合唱。无数美妙的歌声在一位高明的大师完美地指挥下形成美妙的乐曲，而正是他用情感上的布局和停顿决定了艺术品摆放的位置。

古堡博物馆的艺术品排序和展览设计工作的委托始于1956年。当时，维罗纳的博物馆主管是利西斯科·马加尼亚托（Licisco Magagnato），他是一位城市文化生活的先锋，以历史研究享誉意大利和海外。他立即开展了一项雄心勃勃的博物馆网络重组计划，对藏品进行彻底地整理，同时修复这个主要的博物馆遗址。他决定将改造古堡的工作委托给斯卡帕——这位当时已经 50 岁的威尼斯建筑师。到 20 世纪中叶，历经多次改造和波折，这座建筑已没有任何中世纪城堡（1354—1356 年）的原貌。拿破仑时代沿北侧和东侧建了一座要塞。1924 年，在它被改造为博物馆后经过了一番修复。“在古堡里，一切都是假的”，斯卡帕在 1978 年著名的马德里讲座中说道。他接着说：“我决定延续一些向上的价值，打破那不自然的对称。哥特式风格需要它，哥特式风格、威尼斯的哥特式建筑风格，并没有那么对称。”这就需要用切割和破碎的手法，来突出属于不同时代的核心的层次和表达：中世纪的宫殿和 19 世纪的通廊，以及作为庭院正面设计的中心凉廊——那是入口原来的位置。

卡洛·斯卡帕的工作方法是绝不接受任何既成之物。一方面他把入口移到了城堡里，另一方面他决定在多元性上做文章，营造一个和谐而多变的整体。在不同时代的构造相连的地方，斯卡帕放上小径、楼梯和天桥，以完全原创、出人意料的方式将各个部分重新连接起来。所有的新要素都以现代材料建成，以便让复原工作具有可识别性——即使是外行也能看出来。在拆除 19 世纪走廊的最后一跨后形成的虚空间与宫殿相接的地方，环绕着坎格兰德·德拉斯卡拉一世骑马像的金属走道将其抬高，使它在高处的混凝土板上俯瞰来来往往的游人。这两个立面有着不同的饰面：一侧是质地粗糙的灰色石膏，另一侧是用泥刀抹出的浅白色石灰表面。斯卡帕还把他的注意力转到了窗户的哥特式要素与新构件之间的关系上——由铁和烤木制成的新构件比哥特式要素退后。其中的几何图案取自皮特·蒙德里安（Piet Mondrian）的画，并被设计为第二道外壳。这是由简洁的几何形体组成的，但也能在室内营造出随时间变化而变换的光影效果。

博物馆前面的花园在项目中也有着举足轻重的地位。斯卡帕酷爱绿植，并会精心地挑选能为他的杰作锦上添花的每一种植物。他的景观理念极其现代和超前，以至于 1990 年贝内通学术研究基金会（Fondazione Benetton Studi Ricerche）设立的奖项至今仍保留着他的名字。在古堡，他需要的是矫正庭院的不对称。为了做到这一点，他决定栽植两排紫杉篱，让自然为他的设计添彩。通向入口的小路旁有两个矩形水池。浅浅的水池里有两座古老的喷泉：一座来自蒂耶内（Thiene）市集广场，那里有一个小平台，可以让观众上前近观喷水口；第二座靠着一堵石锤凿面的混凝土墙，而办公室的入口就隐藏在那后面。

雕像厅位于 19 世纪馆的地面层上，并靠近入口。那里有串联的五个展厅，相互之间由深邃的拱顶通道连接，并在地面上以粉红色的石板相呼应。礼拜堂（Sacello）嫁接在第二个大券上，犹如一座里程碑。这个在立面体块上小心谨慎的扩建部分旨在收纳博物馆的“珍宝”藏品。室内空间从上方的一个玻璃开口采光，内壁有暗绿色的修剪灰泥（Trimmed Stucco）。这突出了展品的戏剧氛围，使它俨然成为一座陵墓。

外部表面贴有普伦石（Prun）马赛克，颜色从红渐变为粉，再变白。有的保留着粗糙的状态和采掘时的裂口，有的则打磨光滑。展厅里陈列的是 10 至 15 世纪的作品。斯卡帕为其中每一件展品都确定了最适宜的位置：有的呈现的是侧面，有的是正面，还有的是背对观众的，比如《圣则济利亚》（*St. Cecilia*）。所有的艺术品看起来都十分轻盈，因为承载它们的台座是悬浮在混凝土地板上的彩色石板，使它们宛如飘在空中的神灵。对于来自通巴（Tomba）圣贾科莫教堂（San Giacomo）4 号厅的雕像群《耶稣受难》（*Crucifixion*），这位建筑师选择了一种极为神秘而动人的布置方式。微微抬起的混凝土板地面与一道道普伦石相交错，低矮的踏步又将它与围墙隔开。墙面用颗粒粗糙的石灰泥处理。圣母与圣约翰的雕像立在基座上——那是由两个 C 形构件连接而成的矩形铁座。基督则被钉在十字架上，背后是一面煤灰色的、呼应着希腊字母“T”的十字形背幕。这个厚实的“T”是区别于古代十字的现代符号。

地面层还有一个角落值得细细品味。为了将盥洗室隐藏起来，斯卡帕设计了独特的彩色背景——两道墙。一道是红色，另一道是青灰色，且更窄一些。这是参照古代工艺制成的，四周是一道铁框，凸出的壁架上还有四个小雕像。这是在以新颖而亲切的方式向当代艺术大师蒙德里安致敬——斯卡帕不仅了解他而且对他仰慕有加。中央厅的对面是哥特式凉廊，一道黑色隔墙与窗户交替出现的幕墙将它遮住。而在 5 号厅里，嵌于地板中的玻璃显露出下方的内墙——那是在施工中发现的——这样就能让人一览古迹建造过程的历史阶段之一。

我们穿过一道由四个滑框组成的金属门围起的拱洞，便可领略其中步移景异的效果。现在我们来到了斯卡帕布局设计的关键点。这个小小的庭院成为四方交会的中心：城市道路、城堡墙上的走道、通向阿迪杰河（Adige）上方的桥的街道，以及穿过博物馆的路——由它可经天桥通向二层展厅，但必须经过英武伟人坎格兰德·德拉斯卡拉一世的骑马像——那是维罗纳城的象征。为保护这尊纪念碑而将它迁至绅士广场（Piazza dei Signori）附近的斯卡利杰尔墓地（Scaliger Tombs）之前，它一直屈居在古堡的角落里。然而斯卡帕感到这种重量级的作品在博物馆内没有合适的位置摆放，而且人们从下方去仰视这位高贵的骑士，才是雕刻家最初的意图。在经历无数次构思和反复调整之后，想象力终于实现了飞跃。在拆除拿破仑时期要塞最后一跨后留出的空间里，斯卡帕建造了一个 7 米高的混凝土支架。它微

右页图：雕像厅出口的拱门

微扭转，以一个特殊的角度表达其中蕴含的深意，成为专给斯卡利杰尔王朝最著名、最受爱戴和景仰的成员设计的巨大台座——堪比国王的祭坛。在这尊著名雕像的周围，他设计了一个由步道、楼梯和顶篷构成的系统，让观众能从一千个不同的角度去瞻仰坎格兰德。一个按铜板和回收木梁尺寸制成的凸出顶篷保护着这位高贵的骑士免遭风吹日晒。一座座步行桥——或许是为了纪念斯卡帕挚爱的威尼斯而设——在经过坎格兰德庄严的一幕后，带领人们走向博物馆的其他展厅。它们穿插于一条条纵横的小路之间，是它们将古代的堡垒与斯卡利杰尔家族建造的宫殿连接在一起。在这片区域以及也可经骑马像后方抵达的绘画厅里，斯卡帕尝试了展示单件艺术品的不同方式。尽管很多人认为画作不过就是挂在墙上的一个长方形，但在教授眼中每幅作品都是独一无二的，并需要在保持其美学和人文价值的前提下找到属于它自己的空间。这些画作被陈列在简洁的石架上，而石架挂在铰接到护壁板上的旋转杆上。这样观众就能转动画作，找到鉴赏的合适光线。有些画作则摆在木画架上，这种方式斯卡帕在威尼斯科雷尔博物馆（Museo Correr）的展览设计中就已用到。相比之下，中世纪的十字架和雕像被陈列在简洁甚至有一种修行气质的凝灰岩台座上。

许多作品的背面也是可以欣赏的，而表现的手法与其彩绘的正面一样。一个极具视觉冲击力的效果出自呈现每幅作品的“盒式框”（cassette frame）。这个木框在底部和内边上都有与画作相应的肌理。选择正确的颜色是至关重要的，而斯卡帕总是成功的。引人注目的是将并排放置在深蓝色天鹅绒底面上的两个版本的乔瓦尼·贝利尼（Giovanni Bellini）《圣母子》（*Madonna and Child*）突显出来的方式。周围的建筑、窗户的排位以及斯卡帕成功复原的透视关系，对画作的布置都是至关重要的。他对对称并无兴趣。他认为如果没有理由，将画放在墙面的中心就是毫无意义的。远胜一筹的是创造出跨越空间的视觉关联，让人只消一瞥即可以跳出画中的细节，将视线投入博物馆的整个展厅之中。

左页图：由上方玻璃洞口照亮的礼拜堂

圣约翰雕像的基座细节

左页图：雕像厅出口的拱门

第88~89页图：《耶稣受难像》，来自通巴圣贾科莫教堂，出自圣阿纳斯塔西娅教堂（Sant’Anastasia）大师之手

第90页图：固定墙上展品的支架装置的细节

第91页图：5号厅，俯瞰古代护城河的玻璃窗口上部设有木栏杆

“我决定延续一些向上的价值，打破那不自然的对称。哥特式风格需要它，哥特式风格、威尼斯的哥特式建筑风格，并没有那么对称。”

女墙细部

左页图：通向坎格兰德 · 德拉斯卡拉一世骑马像的走道

米凯莱·潘诺尼奥（Michele Pannonio）的《圣母子》，被置于画架上

右页图：画框细节

第98~99页图：三层带顶走道上的博物馆展品

Tirare

1957—1958年

# 上帝在机器之中

## 奥利韦蒂商店

威尼斯

作为斯卡帕的杰作之一，奥利韦蒂商店唤起了一种超越时间价值的古今对话。一切都在应该的位置上，每个微小的细节都是诗歌的精华。从玻璃地板到楼梯，从窗户到石材上的细节，一切融为一个和谐的构成——那是现代性与记忆之间结合得最精准的产物。

右页图：风格鲜明的奥利韦蒂标志

入口双扇门（上图）与阿尔贝托·维亚尼的雕像《阳光下的裸体》（*Naked in the Sun*）的细节（下图），由此可窥见奥利韦蒂的标志

圣马可广场（Piazza San Marco）作为世界文化之地荟萃了无数来自远方的风格，那精美绝伦的环境让奥利韦蒂商店更加迷人，使它成为这里数百年历史中的绝笔。这家商店位于“广场的支点”，在旧行政官府（Procuratie Vecchie）的柱廊下、卡瓦莱托庭院（Corte del Cavalletto）的转角处。它有一段并不平凡的过去。这个空间的历史从 1957 年开始。那时，开明而显赫的行业领袖阿德里亚诺·奥利韦蒂（Adriano Olivetti）邀请斯卡帕这位威尼斯建筑师为公司的产品创造一个美轮美奂、别具一格的展示厅。这个旗舰店也将展示他观察世界的独特视角。

40 年后（1997 年），这家总部位于伊夫雷亚（Ivrea）的公司关闭了这个颇负盛名的展示厅。它被改为游客纪念品（bric-à-brac）零售店，而这一功能与空间的建筑品质极不相称。在受到多年的忽视，经历岁月的侵蚀与自然灾害之后，它由杰内拉利集团（Assicurazioni Generali）归还给城市，并于 2011 年交给意大利国家信托委员会（Fondo Ambiente Italiano，FAI）。如今，奥利韦蒂商店是 FAI 的威尼斯总部。在这里能再次体会到意大利伟大工业时代的气氛，并可以让人们在众多文化活动、集会和展览中瞻仰一位才华横溢的建筑师的杰作。在展现室内卓越的建筑品质以外，这家商店还展示了收藏的奥利韦蒂打字机和计算器。其中包括奥利韦蒂公司赠予 FAI 的莱泰拉 22 型打字机（Lettera 22）。这个著名的便携式打字机是由马尔切洛·尼佐利（Marcello Nizzoli）设计的，并在纽约现代艺术博物馆（MoMA）展出过。

商店的室内空间通过面向广场的大展窗被一览无余，显示出体形和材料上所有的启迪之力。在路过这个小巧玲珑的建筑珍宝时，只要看上一眼，谁都会为之心动。这也许是因为商店宽大的橱窗，或者是因为商店所呈现出令人好奇的和谐感与光线，但无论怎样它都深深吸引着每一个人。室内外的相互联动被一道推拉门、镶柚木框的宽大橱窗和伊斯特拉石墙隔开。这光滑且裂开的石墙构成了一种几何图案，上面还有奥利韦蒂的标志——一个风格鲜明的金色字母“O”与质朴的石材构成了鲜明对比。在朝向卡瓦莱托庭院的一侧，斯卡帕用同样的手法将奥利韦蒂的名字以光滑至极的字母刻在一片与旁边整块橱窗等大的粗糙伊斯特拉石板上，仿佛那是纪念某场古代战争的浮雕。在它的旁边，以同样材料制成的商店员工侧门为这座新的技术圣殿开辟了一个隐秘的入口。

商店橱窗的蚀刻平板玻璃扇与立面取齐，并通过外露的铅框嵌在古老的石墙中，让人可以窥见空间深处，用直觉去体会精雕细刻而成的“悬梯”踏步——这是富尔维奥·伊拉切（Fulvio Irace）在《24 小时太阳报》（*Il Sole 24 Ore*）中发表的一篇文章中对它的描述，还有用彩色嵌块拼成的地毯，上面交织着从拜占庭艺术到保罗·克利的许多经典之作。

这个委托项目是对斯卡帕的一个巨大挑战。在修复博物馆和设计展览之后，他要全力以赴地投入到世界上最美的一座广场中，一个彻底重新设计的项目中去。此外，他还要在一个狭窄的空间中工作。那里仅有 21 米深、5 米宽，采光很差，又被一堵墙一分为二。在这项工作上，他从整体上重新设计了这个空间，增加了橱窗的数量，去掉了隔墙，在侧面插入了两个长长的阳台，并在房间中央安设一个奥里西纳大理石的楼梯，使它成为室内的视觉焦点。楼梯的踏步相互错开，犹如悬浮在空中，而清晰可见的支架突出了房间的中轴线。这个以轻盈和动感为特征的大师之作让人联想到日本建筑和弗兰克·劳埃德·赖特。楼梯赋予了室内尺寸诗一般的韵律。谦逊有加、毫不张扬的斯卡帕本人称这个楼梯“还算漂亮”，并补充说，“这是造价不菲的一个楼梯，但奥利韦蒂担负得起。对于一位国王来说，你是可以为其建造皇宫的。”

艺术与艺术对望：在这个楼梯对面是斯卡帕的至交阿尔贝托·维亚尼创作的雕像——立在黑色比利时大理石座上的《阳光下的裸体》。这里的一切虽凝固于岁月之中，却因透过大窗的光线与彩色玻璃嵌块铺成的地板上五光十色、通透灵动的效果，而处于永恒的变幻之中，让人不禁联想到威尼斯建筑倒映在潟湖中的斑斓色彩。大大小小的彩色玻璃嵌块被特意以不规则的形式拼成马赛克，宛如保罗·克利的作品。对这位艺术家仰慕有加的斯卡帕，在这里创造出一种几近变幻无穷的效果——它的表面有如盖着一层薄薄的潮水。颜色也会按商店的分区而变化：入口区是红色，中间部分为灰白色，侧入口区是蓝色，后部则为黄色。

斯卡帕对各种材料的运用一如既往的炉火纯青：同样用在楼梯上的奥里西纳大理石板，覆盖在原有的柱子与夹层的楼梯平台地板上。

从室外看到的橱窗

左页图：朝向卡瓦莱托庭院的橱窗里的奥利韦蒂打字机

第106~107页图：带奥里西纳大理石楼梯的商店地面层

楼梯的两个视角

墙面用威尼斯灰泥嵌板，并与有缎光玻璃板保护的垂直荧光灯相交错。上层的楼梯平台也铺有镶嵌奥里西纳大理石板的地面，或磨光或在不同的位置开中间槽。阳台同样使用了下层楼天花板铺设的柚木块。上层的窗户由一个精细的柚木格栅遮挡。相同的格栅母题也出现在地面层上，以封闭水闸——那里是装卸附近运河来货的地方。

在背面还可以看到一个石材和灰泥制成的半柱，它在上层又变为一个植物托架。这个令人惊奇的设计看上去只有装饰功能，其实是斯卡帕为盖住地板下的净化池而做的。他那众所周知的展陈设计绝技也体现在这一设计得极其大胆的小空间里。在这里，他在一个相对适度的空间中成功实现了一个完整、表达清晰的展陈布局。楼梯和上层的木阳台引领观众去欣赏奥利韦蒂的技术成就——当时真正的先进设备，也是名副其实的艺术品。在独具匠心的摆位和照明之下，这些打字机犹如雕塑一般，陈列在木质表面或红木架子上。这些承托物仅从正面看是固定在地板上的，后部则由吊在天花板上的钢构件支撑。

右页图：黑色比利时大理石水池

“这是造价不菲的一个楼梯，但奥利韦蒂担负得起。对于一位国王来说，你是可以为其建造皇宫的。”

带奥里西纳大理石板贴面的中央柱

左页图：从夹层看商店

第114~115页图：陈列奥利韦蒂打字机的上层展厅

第116页图：商店地面层的背部

第117页图：盥洗室区域挡墙上的开口细部

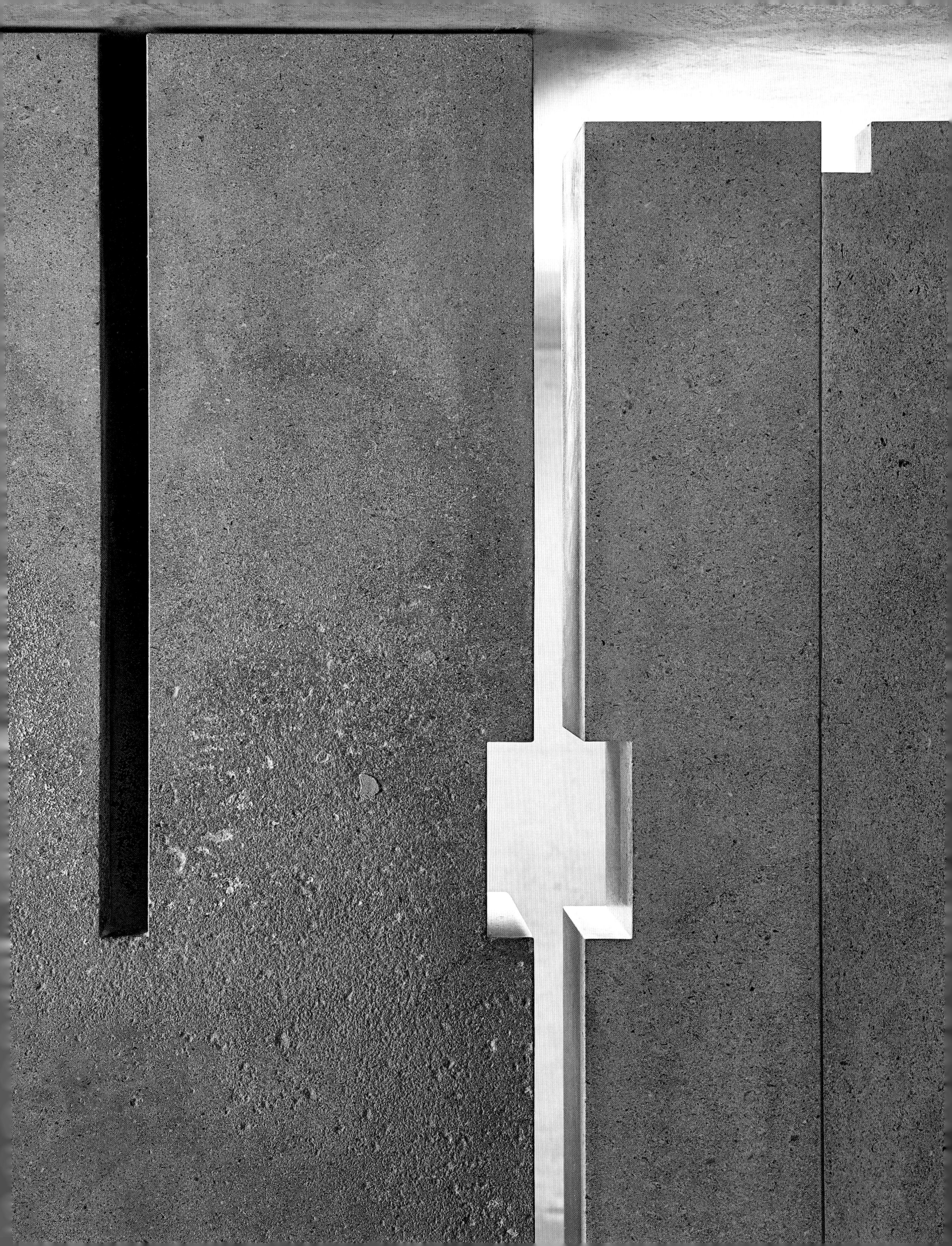

1961—1963年

# 潺潺迷宫

## 奎里尼·斯坦帕利亚基金会博物馆

威尼斯

从整体的循环去思考水。它静静流淌，用倒影轻声讲述，为观赏它的人还原出城市的色彩；它汩汩涌起，流入这些建筑，涓涓细流无拘无束，所到之处皆成幻影。

右页图：花园中喷泉的细部

水在卡洛·斯卡帕的建筑中是一种需要精雕细琢的材料，这几乎是他所有作品中的第一要义。流水，不是慈爱的便是无情的。这在一个富有灵性的威尼斯人心中，既是不争的事实，也是真挚的追求。但这个主题从未像在奎里尼·斯坦帕利亚基金会博物馆上这样举足轻重。当涨潮之水涌入建筑时，大门被潟湖淹没，积水营造出一座水的迷宫。基金会博物馆与圣马可广场不过几步之遥，坐落在建立了威尼斯城的古代家族之一，奎里尼家族 16 世纪的府邸里。作为对游客和市民常年开放的空间，它拥有这座城市最大的市民图书馆之一。其藏书超过 35 万种，包括古代的印刷品和书籍等。这些是乔瓦尼·奎里尼·斯坦帕利亚伯爵（Count Giovanni Querini Stampalia）于 1869 年连同家族房产作为遗产捐赠的，他当时的愿望是建立一个培育“深入研究实用学科”的机构。

博物馆现在的形象是斯卡帕修复之后，加上瓦莱里亚诺·帕斯托尔（Valeriano Pastor）和马里奥·博塔（Mario Botta）后续工作的结果。这就使它成为一本伟大的建筑史教材，在威尼斯独一无二。在一段光荣的历史之后，1949 年奎里尼·斯坦帕利亚基金会的董事会决定对建筑的一些部位进行修复旨在重新设计地面层的局部，并重新规划后花园的状况。这两个疏于照料的部分都因海水的频繁侵蚀而无法使用。时任基金会董事长的曼利奥·达齐（Manlio Dazzi）将项目委托给了斯卡帕。项目的诞生过程想必十分漫长，因为它耗时 10 年才完成。那时，这家博物馆的馆长已是史学家和艺术批评家朱塞佩·马扎廖尔（Giuseppe Mazzariol）——他最终成了教授的挚友和支持者。方案的思路非常简单：将建筑的入口移到朝向奎里尼·斯坦帕利亚小广场（Campiello Querini Stampalia）的立面上，并安排供展览、会议及其他活动使用的房间。奎里尼宫（Palazzo Querini）的地面层惨遭“蹂躏”，马扎廖尔写道，“一个含混不清的新古典主义样式，带着装饰性的柱廊和 19 世纪装设的乏味的木护墙板，严重破坏了建筑原来的基本路线。而周期淹没建筑空间的高水位（acqua alta）使它在实际上无法使用，这让建筑的情况雪上加霜。”高水位的问题需要一种激进的解决方法，才能让整个空间充分地被利用起来。而斯卡帕找到的办法的确不同凡响，既巧妙又神奇。“1961 年在奎里尼的一个清晨，当我要求他确保将潮水挡在建筑外面时……他盯着我停顿了一下，然后说道：‘流进来，让潮水流进来，就像它流进整座城市那样，这不过是容纳它、引导它的问题，要把它作为一种波光粼粼的反射性材料去利用。你会看到光在天花板的黄色和紫色灰泥上跳跃，多么奇妙啊！’”这就是马扎廖尔笔下这个“斯卡帕区域”空间诞生的故事。

这个方案包含的空间有一座桥、带防涝屏的入口、大厅（portego）和花园。在建筑里，馆长的权力给了斯卡帕尽情发挥所长的自由，但事实证明在室外新建一座步行桥是相当复杂的。为了建造“在最近几百年中威尼斯

右页图：带铁栅栏的水闸

“流进来，让潮水流进来，就像它流进整座城市那样，这不过是容纳它、引导它的问题，要把它作为一种波光粼粼的反射性材料去利用。”

上图、右页图：由玻璃、伊斯特拉石板和精美金饰组成的、遮挡暖气片的箱体处细部

建成的最轻盈、最快连成的一跨”，这位建筑师在与工程师卡洛·马斯基耶托（Carlo Maschietto）的合作中，不得不同烦冗的官僚程序斗争，递交了50多张图纸。与管理部门的漫长僵持以及无数的官方图纸和信函给斯卡帕带来了数不尽的麻烦，因为他把修复的建筑地面层设计成了新桥功能中的一部分。终于，设计许可拿到了，但官方表示只把它保留到市政大桥重建之时，而重建并没有实施。万幸！意大利长久以来将原本临时的东西变成永久之物的做法，拯救了20世纪建筑杰作的一个关键部分。

这座由铁、黄铜和柚木建成的桥包含两个相同的部分，它们在中间插接起来，侧面没有围挡——那是威尼斯过去建桥的方式。桥构成了一道造型纤细的拱，经过缓慢的升起后，下坡抵达入口大厅。这一处轻巧的平台通向博物馆新空间里的平板玻璃双扇门。不过在今天，这个主入口已经改为朝向附近的丰腴圣母广场（Campo Santa Maria Formosa）。这个正方形的和谐小空间是工程设计的微型典范。石灰泥抹面的轻质砌体隔断由托架与建筑承重墙隔开，以满足通风和古老结构防潮的要求。一道石沟让潮水能够自由流动而不破坏室内空间。各种材料和色彩的组合非比寻常，抛光的青铜色灰泥天花板与金色金属门完美融合。这道门虽然只是为了遮挡设备，却经斯卡帕之手提升到了艺术品的层次。

然而，最吸引观众目光的是由红色、粉色、白色和绿色大理石的方形大板铺成的地面。它们以四种不同的模块形成了一种抽象构成。乍看起来，这些石板是随意铺成的，并无精准的设计。不过，斯卡帕的草图表明，他在按颜色对每一块石板进行排列组合时是不遗余力的，因此图案的任何一处都绝不是意外（同样的设计也出现在维罗纳的古堡博物馆中，体现出他对几何构成的热爱）。

入口大厅伸出两条相互垂直的轴线，并与经斯卡帕调整位置的古老大门对齐。向左可以穿过由金属大栅栏与运河隔开的大厅。潮涨到高水位时，海水会从门中涌入，在室内流经一个由伊斯特拉石建成的阶台之后舒缓下来。这是一个绝对非凡的工程设计，可以保护建筑不受最高170厘米水位潮水的侵袭。不幸的是，这道防线也不足以抵挡2019年的大潮：那是当时无法预料的景象，因为气候变化在那时仍是一个十分遥远和微不足道的问题。为了尽情欣赏这个空间创造的奇观，你必须等到潟湖涌上来的时候，缓缓地将斯卡帕特意开出的缝隙填满。他设计的室内空间看上去就像是在等待一场大戏：令人生畏却又深爱的海之狂想曲。在这一景象登场之前，这件作品仍是不完美的。那静若处子的样态，仿佛在期待大海为她的内心注入灵魂。

一扇窗和与暖气片相接的伊斯特拉石块将大厅与整

左页图：中庭里有大理石马赛克地板、一圈容纳潮水的水渠和遮挡服务设施的金属门

上图，右页图：会议室石灰华门的两个细节

第130~131页图：向卢扎托教室的一瞥，那里有通往花园的玻璃门

电梯（上图）和通向二层的楼梯细部（下图）

个项目中最大的房间——吉诺·卢扎托教室（Aula Gino Luzzatto）隔开，那是为举办展览和文化活动而设计的。

这个空间里洒满了从一扇大窗射入的光，窗外是与之隔开的花园。地面上不规则地铺设着混凝土和一道道伊斯特拉石板，并沿着墙壁升起，形成了一个高高的底座。在大会议室的右侧设有一道石灰华材质的门——宛如从山岩中劈凿出来——通向为讲座保留的房间。这个带有刷白墙面和青铜天花板的私密角落与室内其他部分形成了完美的和谐。整个空间乍一看颇有极简主义味道，其复杂的细节精美至极，令人赏心悦目，看上一眼便欲罢不能。许多地方是伊斯特拉石和纯金饰带构成的圣龛——有的是将暖气片包围起来的几何雕塑，有的是隐藏配电板的几何板，还有的是由石材、金属和石灰构成的精致小品。

卢扎托教室也由玻璃窗而与花园分开。那熠熠发光的薄幕让室内外浑然一体。花园高出建筑地面，以便让里面的人欣赏自然之美的精华。接下来便是水的独舞，缓缓地，从雪花石膏雕刻的迷宫涌出，在一头哥特石狮神秘的凝视下穿过，汇入滚滚运河。那清晰的线条和简洁的特征即刻俘获人的目光。不过，在诸多感官之中，潺潺流水的轻声细语最能打动人的内心。一道混凝土墙以一条金色饰带和银色马赛克砖做装饰，成为绿色空间的边界。斯卡帕的至交，画家马里奥·德路易吉赐予它的“拜占庭”风韵，让这座迷宫特色鲜明而意蕴深长，若隐若现却了然于目，丰富多彩又简洁明快。居家的亲密感与斯卡帕富有创造力和永不循常规的妙想，在这里熔于一炉。

右页图：通往花园的玻璃门

通向花园的踏步

左页图：混凝土水池的细节

1961—1963年

# 构思的力量

## 加维纳商店

博洛尼亚

承载着想象力和胆魄的创造力可以感染每一个人。20世纪60年代，在距离大西洋对岸星光闪耀的先锋派万里之外的地方，略显乡野气的小城博洛尼亚，历史的重要篇章正在被书写。

右页图：列柱之一上的双环局部

入口大门（上图）和双扇门（下图）

在1958年的威尼斯，一位“具有颠覆性的企业家”（如他名片上所印）迪诺・加维纳（Dino Gavina）与一位充满幻想与诗意的建筑大师邂逅。一边是被建筑师马塞尔・布罗伊尔（Marcel Breuer）称为“世界上最有情感和冲劲的家具制造商”加维纳——是他帮布罗伊尔掸去了包豪斯存档里富有传奇色彩的瓦西里（Wassily）座椅上的灰尘，使它重归市场。另一边是卡洛・斯卡帕。在这次见面之后斯卡帕得到了大转型的机会——投身家具生产。他本就对此有着丰富的经验，并为他的建筑作品设计过所有的家具。另外，在这一幕开始前，这位威尼斯建筑师已经担任过卡佩林穆拉诺玻璃匠师协会（Maestri Vetrai Muranesi Cappellin & C.）和韦尼尼公司（Venini）的设计师，但这是他第一次涉足系列生产。在那次初见之后仅仅三年，当这位博洛尼亚企业家决定成立他的公司——加维纳股份有限公司时，他便任命斯卡帕为总裁。两人均充满创造力，绝不循规蹈矩，时刻准备尝试新的构思，开辟“有生命的新境地”——他们的合作创造出一批载入设计史册、具有永恒价值的家具，比如多杰桌（Doge，1968 年）和瓦尔马拉纳桌（Valmarana，1972 年）。时间证明，这是一家具有革命性的商店，并激起了城市中活跃的讨论。

彼时意大利刚刚有时间去抚平第二次世界大战受到的创伤，但接受像斯卡帕在阿尔塔贝拉大街（Via Altabella）设计的商店那样具有革命性眼界的建筑行为，或许为时尚早。在博洛尼亚历史中心一条狭窄的街道上，与马焦雷广场（Piazza Maggiore）和主教宫古门廊几步之遥的地方进行创作，打破老房屋立面规整的排列，看上去会是一种挑衅。

用一堵钢筋混凝土墙打断这个城市的界面，墙上还有可以让路人窥见加维纳关于现代性的新构思的"大眼睛"，对于那个时期的市民来说，要理解其中的启迪之力是不无困难的。

全凭1961年的城市规划顾问、建筑师朱塞佩·坎波斯·韦努蒂（Giuseppe Campos Venuti）调解，加维纳的固执和决心——将他的声名与对一家租来的商店进行全面的修复联系在一起——才成功地保证了项目的实施。这不过是研究与幻想、生意与生活相交织的一支小插曲，却代表着迪诺·加维纳和他密不可分的伙伴马里亚·西蒙奇尼（Maria Simoncini）的全部职业生涯和个人生活。公司产出的绝不是一批产品，而是一场穿越艺术与文学典故、家具与生活方式诸多元素的旅行。但这不只是阿尔塔贝拉大街的那家商店。早在1959年，加维纳就成功地吸引了艺术和国际设计领域中最显耀的人物，比如马塞尔·布罗伊尔、曼·雷（Man Ray），甚至还有卡斯蒂廖尼（Castiglioni）兄弟。加维纳为他们提供了一个双重机遇：设计该公司位于圣拉扎罗（San Lazzaro）的展厅[现被奇鲁利基金会（Fondazione Cirulli）占用]和大规模生产他们的作品。

加维纳与斯卡帕之间的友情日渐深厚。这位企业家在一次访谈中说道："同他在一起，永远像是一场探险之旅，驰骋在一切都不可预料的智慧的旷野上。"斯卡帕的儿子托比亚（Tobia）也在加维纳的工厂工作。作为一名青年建筑学生，他最初独立工作，后来同妻子阿弗拉·比安金（Afra Bianchin）合作，并很快就以超凡的创造天赋崭露头角。

这家商店有段颇为曲折的历史。它最初是一家五金店——迪塔·朱塞佩·卡斯塔尔迪尼（Ditta Giuseppe Castaldini），而经斯卡帕点石之手成为前沿设计的展示厅。迪诺·加维纳的展示厅于1997年关闭。阿尔塔贝拉大街上的舷窗陈列的不再是高滨和秀设计的马塞尔沙发（1965年）和罗伯托·塞瓦斯蒂安·马塔（Roberto Sebastián Matta）的马利特沙发（Malitte，1966年），而是霍夫曼（Hoffmann）公司设计的火车模型。接下来则是最近的消息了。2016年，这个孩子们的天堂搬了出来，房主将这个精致的空间售出。这颗难以维护的建筑珍宝在市场上一直飘荡到2019年，终于遇到了一位伯乐。

关闭多年之后，它由建筑师伊丽莎白·贝尔托齐（Elisabetta Bertozzi）在监督委员会的严格监视下得到了精心修复。在托比亚·斯卡帕的要求下，1997年根据文化资产与活动部（Ministry for Cultural Assets and Activities）的法令，它被列入具有重要艺术特色的建筑名单。这是不同寻常的举措。因为这座20世纪60年代的建筑几乎不可能适用于意大利1939年颁布的第1089号法令（编者注：关于保护艺术品和历史文化财产的法律），得到对具有艺术或历史价值的作品的保护。但1941年颁布的保护版权的第633号法令让问题迎刃而解，这种为保护历史建筑独辟蹊径的做法在意大利相当罕见[比如，它也用在了吉奥·蓬蒂（Gio Ponti）的米兰皮雷利（Pirelli）摩天大楼的保护上]。这条法令只是保护建筑，但不会阻止用途的

立面上商店的标志

右页图：橱窗里伊尼亚齐奥·加尔代拉（Ignazio Gardella）设计、加维纳制作的迪加马（Digamma）扶手椅（1957年）
第144~145页图：商店全貌

变更。修复工作有如学术研究般的细致，按照斯卡帕的设计于 2020 年上半年完成。它的美令万人惊叹，使得群情高涨且举世瞩目：聆听完成修复的建筑师讲述这个商店的故事，脑海中便会激起千层浪。建筑本身能作为艺术追求的目标吗？充满革命性作品的精美家具展厅能比陈列品更有吸引力吗？或许，它可以。“即便空无一件家具，又脏又潮，这个地方也已尽善尽美”，建筑师贝尔托齐说道，“它已拥有一切，即使它一无所有。质朴的它是完美的，无须他物。里面是数不胜数的精美小细节、丰富的色彩、多样的材料和奇异的建筑灵感。这是常人无法想象的，只有像斯卡帕一样的天才才能创造出来。这，是令人叹为观止的杰作。”将它修复一新是对斯卡帕和加维纳的致敬之举。这一切由两位女性的直觉为引导，是令人毫不意外的——她们是卖主的建筑师和新房主克劳迪娅·卡内·德拉盖蒂（Claudia Canè Draghetti）。这次交易的分量难以想象，它的背后是一种喜爱的冲动，是一个小孩子在窥视奇异的商店橱窗里各式各样的玩具时心中的感觉。而修复工作绝非易事：首先，有铁面无私的监督委员会在上；其次，人们需要无数的研究才能理解这些建筑细节的由来，而这往往在剖析斯卡帕的作品时会成为问题；还有，要排除湿气而不破坏建筑，对结构和饰面的处理不能让状况恶化。修复工作犹如一场手术，容不得一丝差错。让我们猝不及防的是，发现了一种曾经广泛使用，如今却因有害而被法律禁止使用的建筑材料。这个可怕的结果就是，地板含有令人担心的石棉（Asbestos）。“这是一个糟糕的意外”，房主说道。唯一的办法就是“去除之前的材料，因为它对人体是有害的。然后请斯卡帕用到的所有材料的原始供应商重新制作，但不得再次出现化学违禁物。我去找了莫尔塞莱托（Morseletto）。这家历史悠久的维琴察作坊有加工地方石料的能力，也是同一时代前沿建筑师的合作伙伴。”接下来还要恢复和清洁木构件以及喷泉的石料。它们由奥托里诺·农尔马莱（Ottorino Nonfarmale）的技术主管乔瓦尼·詹内利（Giovanni Giannelli）精心修复。这家作坊承担过许多重大项目，比如修复焦尔焦内（Giorgione）的《老妇人》（*Old Woman*）。所有工作均由建筑师西莫内·曼佐蒂（Simone Manzotti）承担，他也监督过地窖的修复——那是一颗在被遗忘多年之后重见天日的博洛尼亚中世纪建筑珍宝。

在斯卡帕的修复之前，商店的地面层并不是统一的整体。它有约 150 平方米，带一个地窖，有三扇暗淡无光的窗朝向大街。室内被分成许多小空间，可以放下工具，却不足以展示设计师的家具。斯卡帕一如既往地实现了清晰而有效的创作。他要让世人看到挚友加维纳的梦想。借鉴威尼斯奥利韦蒂商店的经验，斯卡帕再度创造了一个足以凭借自身表现力崭露头角的杰作。方案是这样的：在立面上做一个立面，用一块约 15 米长的钢筋混凝土板形成一个朦胧的表面（也就是用覆盖在墙上的第二层表皮遮住五金店的整个空间）。一个巨大的标志特意同表面分开，与周围的环境形成反差，几乎对其他建筑表达出一种批判的态度，并建立起一种具有原创性的辩证关系。

斯卡帕在此使用了混凝土。这是他酷爱的一种材料，并且已在过去进行了多次试验。这一次使用不同的凿尖，在立面上形成了富有触感的纹理。空间则由塑形的手法，利用朝向街道的开口与框出立面要素的金带加以强调。这些造型各异的窗户在博洛尼亚被亲切地称为“舷窗”：第一扇是几乎与街道平齐的圆形，它以开阔的视域框出了室内空间；与之形成反差的第二扇采用双环形式。这种双环是斯卡帕的著名象征，并将出现在布里翁墓园（1969—1978 年）中。在中间，入口的转角由设计出墙体轮廓的黄铜“孔眼”作为强调。大门带有长长的胡桃木圆柱造型，端部有青铜鞘。它守卫着一个小小的回廊，而回廊朝向一道由日本冷杉、紫檀和水晶构成的双扇门，后面是玻璃门。在立面上，入口旁边是带金底“加维纳”字母浮雕的饰带。

为了创造一个开放平面的室内空间而不带来结构问题，斯卡帕设计了五种不同的巨柱。整体空间看上去犹如自由的体形塑造出来的景观，而没有一个被规则限定的形式，营造出和而不同、复杂多变又触动人心的景象。硕大的方形柱边长 100 厘米，坚实有力。底部一周“凹进”，形成与地面分离的效果。墙面和喷泉也以相同的方式处理，后者就像奥利韦蒂商店那样嵌在空间之中。或许这是一种对运河与水的回忆，是它们孕育出了斯卡帕至爱的威尼斯建筑。

斯卡帕对各个表面的处理也大异其趣。倘若遵循尺寸的逻辑就会枯燥乏味，而统一室内的色彩毫无裨益。卡洛・斯卡帕为前景选择了白色，接下来是钴蓝、青铜色和锤凿的混凝土所呈现的颜色。然后，出人意料的是，用夹芯板和层压塑料制成的柱子成了一个“假衣柜”。这件无法开启的家具上装饰着两个相交的圆——这个双环成了斯卡帕许多项目的形象标志。布满真假天窗的天花板是淡淡的芥末色，让人想起威尼斯潟湖中倒映夕阳的金色。这些颜色取自故土，数百年前的乔瓦尼・贝利尼和焦尔焦内正是以轻柔的笔触将它们凝结在不朽的画作之中。这，是属于威尼斯的色调，永存于斯卡帕的心中、眼中。

商店背面是后勤门，大门以复合式木质几何形构件来划分。斯卡帕切割木料后留出的一个正方形成了窥视孔。另一侧是一座混凝土喷泉，反射着从上方彩色珐琅嵌块拼成的马赛克中射入的光。那玲珑剔透的嵌块出自他的朋友马里奥・德路易吉之手。商店一角被围合成一间小办公室。墙在这里被开了一个洞，或许是教授习惯为之，实际上也有功能性的考虑：它让迪诺・加维纳能毫不费力地查看是谁进到了店里（据说那里还有一张床）。这个细节成了一种要求，并成就了一个项目。这种空间只能由如此鲜明而坚定的个性创造出来。

如今，在被荒废数年之后，这家商店重获生机，成为著名时尚品牌的展销厅。但重要的是，在 60 年的错失之后，我们希望将它改造成家具展厅的愿望比以往任何时刻都强烈、迫切，哪怕只有一天。对达到的这一成果我们要感谢盖拉尔多・托内利（Gherardo Tonelli）的鼎力相助，感谢博洛尼亚的人间天堂画廊（Galleria Paradisoterrestre）那感人的精神和它的同名品牌。正如加维纳所说，“现代就是值得成为古代的东西。时代的精神是现代的，但真正的形式只能是古典的。”或许，这也是有些离经叛道的。

加维纳委托的为商店落成而设计的展柜，里面是韦尼尼瓶。两件均为斯卡帕设计

左页图：卡洛·斯卡帕设计的格里蒂桌（Gritti，1976年），西蒙公司（Simon）制作

喷泉细部

右页图：由马里奥·德路易吉设计的带马赛克的凹角

1969—1978年

# 最后的印记
## 布里翁墓园

圣维托阿尔蒂沃莱

卡洛·斯卡帕设计的每座建筑都有一句铭刻在混凝土上的诺言。无论它有多小，都是令人欣慰的。但这并不是故事的结尾。布里翁墓园承载着无尽的深意——生命的意义、生与死的关系——以至于独自面对这永恒的美时，你会无法承受。

右页图：圣器室（sacristy）混凝土墙的线脚
第152~153页图：安置布里翁夫妇奥诺里娜与朱塞佩（Onorina and Giuseppe Brion）石棺的小拱龛
第156~157页图：从礼拜堂前廊路上看到的全貌

ONORINA BRION
NATA TOMASIN

布里翁墓，位于特雷维索省阿尔蒂沃莱圣维托的一处小墓地，是这位大师最后的几个作品之一。在墓室（sepulcher）四周，“形象的虚空”之地，在一个不可限定的界限边缘，是超越了建筑形式的、对生命与创造力的无尽思考。在环绕着这颗不落窠臼的混凝土珍宝的粗糙灰墙之间，一切都承载着某种含义。从达到令人无法承受的那一刻起，先是眼中盈满千般感受，随即流入脑海与心田，激起许多疑问，而后点燃无数希望，带来种种答案，又消失在汩汩的流水之中，随光而逝——那从开凿在混凝土上的开口外射入的光。在这里，有的人看到了“终结”一词，有的人则希望这仅仅是个开始。斯卡帕发出了信号，却给诠释留下了自由的空间。因为在这个空间里，一开始我们会在面对死亡的沉思时感到孤独，随后仿佛奇迹一般，痛苦消失了，留下的只有内心深沉的平和。此时，所有的感觉都被重新激起，眼前是精致的风景与优美的建筑，四周响起大自然的安魂曲。你不再置身于一处墓地，而是一座富有魔力的花园，不受万事万物的侵扰，死神也在此止步。

在布里翁墓园，你会感到真正的生命力。这好似一个荒谬的悖论，而殡葬建筑最终呈现出的是建筑本身的生命之源。

斯卡帕的墓地建筑群是浮在时间之上的。借用富尔维奥・伊拉切的话说，“宛如一个无尽的沙漏”，每一刻都在此流逝，却永不枯竭。这，就像爱。毕竟此处的历史不过是为了纪念奥诺里娜・布里翁・托马辛（Onorina Brion Tomasin）与丈夫朱塞佩・布里翁（Giuseppe Brion）亲密而长久的关系。

布里翁是布里翁韦加公司（Brionvega）的创立者和所有者。这家在 20 世纪 60~70 年代从事广播电视布景制作的公司，举世闻名，甚至在纽约现代艺术博物馆拥有一席荣耀之地。

这不是一座单纯的墓地，而是一条极其清晰的启程之路。它以一种绝非修辞或空洞的抚慰心灵的方式，自然地将生与死联系在一起。这个建筑群于 1969 年动工，可是 1978 年斯卡帕在日本仙台意外摔伤后不幸离世。此后，墓地由波尔奇纳伊工作室（Studio Porcinai）及建筑师卡洛・马斯基耶托（Carlo Maschietto）和圭多・彼得罗波利（Guido Pietropoli）完成。他们还以非比寻常的深情和细心指导了墓地最近的修复工作。教授在这个作品的建造上投入了大量心血，以至于他把自己的这次设计经历作为他的学生 1975—1976 学年的一项研究课题。这或许是因为他热爱威尼托（Veneto）的景色，并一直在他的阿索洛（Asolo）住处里欣赏它；抑或是因为这项工作正在成为他的一种生活体验；又或是因为他第一次得到了客户的全权委托（carte blanche）。

当时，斯卡帕被威尼托那处隐秘之地深深吸引，并选择它作为自己和妻子的墓地。在圣维托，那纪念性的创作与老墓地建筑群之间的连接处一个几乎隐秘的角落里，“有一个小地方，有一条小环路，从这一侧通向老墓地。沿着这条路，我将在这个无人之地长眠。”[1] 而斯卡帕正是在这里安息的。一道混凝土大门将他与世间隔开，在其他坟墓的边缘，远离“乡野间无数丑陋的坟墓与墓龛”的一幕幕，只留下一个绝笔：向那围墙一瞥，宛如幻境一般，浮现出小拱龛——斯卡帕为布里翁夫妇设计的坟墓。

最初，布里翁夫妇的墓地只有 68 平方米，但 1969 年建造墓地纪念建筑的用地增加到了 2400 平方米。这对于一个家族墓地而言相当之大，以至于一开始这个范围让教授颇为苦恼。他在马德里的讲座[2]中承认，他曾想把墓地做得简单一些，用栽种 1000 棵柏树来解决这个问题。“一座自然的大公园、一个自然的场景”，他解释道，“在未来会带来比我的建筑更好的结果。”显然，那是不会的，那片 L 形土地如今已成为仰慕斯卡帕及其建筑的人们的朝圣之地。

1969 年，奥诺里娜・布里翁提出，为她在一年前早逝的丈夫建造这个墓地。工作毫无障碍。她立即实现了他设计概念的价值，同年春即启动施工。墓地的工作让斯卡帕投入了近十年的精力，直到他 1978 年逝世。他亲自考察工地，同工匠们一起制图，并用草图画出各种技术细部，以保证项目的完美实施。“这是我最愿意去看的作品，因为在我的其他作品中，我只看到了错误和缺陷”，他在诸多场合这样表述。这个非同寻常的项目共有约 3000 张图纸，记下了斯卡帕在各种情况下做出的几何与构造细节：在事务所里，在工地上，甚至虚靠在墙上的时候。1000 个细部让人不仅将建筑视为一个外壳或是最终产物，还会去看那精妙的工艺中激动人心的气韵。这无疑是拥有资料最丰富的斯卡帕的作品。

神庙周围凹池的线脚细部

右页图：圣器室的外墙

第160~161页图：家族成员墓龛（aedicule）的屋面系统

与其说是因为画图的需求——斯卡帕总是带着一支精心削尖的铅笔，并用画图作为思考的一种方式——倒不如说是因为想留下文字、保存记忆的欲望。《记忆之源》（*Memoriae Causa*）是展示布里翁墓园这一作品的一本书。它由维罗纳著名的瓦尔多内加出版社（Stamperia Valdonega）在1977年5月内部发行了200册。10幅折页与墓地的平面图被收纳在一个硬纸板夹里，然后放入一个匣子，封面上印着布里翁墓园的标志——双环。

这个纪念建筑群由五座建筑组成，并通过一堵与地平线成60° 坡度的界墙与外部隔开。这位建筑师构想了两个与道路相连的入口，但正如他本人在记述中所写，主路是从老墓地中穿过的那条。乍看起来，一切似乎都循规蹈矩，与其他墓地别无二致：墓石与家族的小礼拜堂、大理石与墓碑，全无建筑语言地聚在一起，仅被一个标准统领着——给逝者留下美好的生平记述。但如果你仔细观察，山门（propylaea）坐落在各个坟墓的尽头，那是对永恒的许诺。在古典时期山门代表着神庙堂皇的入口，在这里则是生与死之谜的卷首语，是教授为那些来瞻仰墓地的人精心准备的。这条混凝土路有一个不对称的立面，侧面有规则的退台造型，其代表着建筑整体上反复出现的装饰母题。爱，位于这个舞台的中央：透过双环的开口，你可以看到墓室侧面是敞开的，而这对夫妇的石棺仿佛依靠着彼此。在这个已成为斯卡帕设计象征的相连双环上，右侧用蓝色嵌块代表朱塞佩·布里翁，而左侧用粉色的代表奥诺里娜·托马辛。每个环的正反面都有这两种颜色，这样从山门内外看它们时都是相同的样式：男方的色调总是在右，而女方的色调总是在左。许多人都好奇，这个内容如此丰富的图像元素背后究竟有何象征意义。一条简洁、清晰的线条表达着深刻的含义，因为在这两个圆环中间形成了第三个尖锐的造型。这里引用了基督教图像学中通常环绕在基督像周围的“神圣的尖椭圆形灵光”（sacred mandorla）。

山门的屋顶在许多地方被打断，以便让光束和水滴穿过。在夏季暴风雨期间，它们会为这个建筑艺术品奏响奇妙的音乐。制片人里卡尔多·德卡尔（Riccardo De Cal）在2007年为贝内通基金会拍摄的短片《记忆之源》中对此进行了美轮美奂的呈现。为了让入口更具戏剧效果，斯卡帕在一侧栽上了一棵垂下的雪松（现在已不是原先那株，随着时间的推移已进行更种）。它挡住了一部分通路，看上去宛如一位年老的哭丧人（praefica）在悲泣。

山门内侧，在长长的走道前，由五个小踏步立板（riser）和三个大踏步立板构成的“楼梯中的楼梯”带领人们通向道路的岔口。若不是斯卡帕已经决定了正确的道路，在这里本可有两个选择。五个踏步立板的梯段被移到左

左页图：相交双环形的开口与通向山门的踏步
第164~165页图：冥想亭前的水池花槽
第168~169页图：冥想亭
第170~171页图：冥想亭的顶棚

侧，仿佛是在提示人们向这边走，前往小拱龛。那是一个古色古香的墓室拱券，下方是夫妇的墓葬。这个容纳和庇护他们的建筑物位于墓地各路的交叉口，是一座低矮、硕大的拱桥。它支撑在一片犹如广场的圆形区域中，而那里要低于四周的草坪。在这个混凝土小拱龛下，两尊石棺相对倾斜，宛如一个永恒的拥抱。远远望去，它们仿佛两个摇篮，在摇曳中让这对夫妇的记忆进入永恒的安息。这两尊石棺彼此依偎，中间仅能容纳一个人通过。

礼拜堂有白色的大理石基座，而包围石棺的上部在侧面覆有黑檀板条。正如斯卡帕在一次讲座上所讲，“它是温暖的，你用手去抚摸它，是不会感到死亡的冰冷的。在冬天触摸冰冷的石头会给我一种不快的感觉。”在这两尊石棺上，有用象牙条刻成的夫妇的姓名，还有用粉色和蓝色构成的双环印记，并与山门遥相呼应。地面上是一个由两条黑白方砖组成的条带。拱顶的内弧面装饰着绿色、钴蓝、金色和银色的嵌块。小拱龛前方的直线小水渠将墓地与建筑另一端的大水池联系起来。最后的一折是垂条云杉（Picea abies pendula），教授在一次大学的讲座中称之为“哀悼的妇女”。她披着一绺绺阴暗和忧郁，仿佛在这令人心碎的地方悲痛不已。

这里平和、寂静，却也有和谐与欢乐。在这里，死亡并非一幕悲剧，而是一个由安详的宁谧写就的事实。在离小拱龛不远的地方，是家族成员的墓龛。那里仿佛从四周拔地而起，屋顶远远望去犹如一个披着头罩的男子。为了表示敬意，进入此处必须低头。为了让逝者的灵魂放弃他们的遗骸，斯卡帕创造了一种古庙（templum）的形式。在深蓝色的彩绘天花板上有一道切口，让光和雨能以主角的身份进入建筑。这个体块有一个空心的边缘，斯卡帕这样设计它是为了在下雨时从屋顶的洞口收集沉重而有规律滴下的水滴。两个哥特石像兽（Gargoyle）造型的青铜吐水口——他在讲座中称之为噪声头（Gurgule）——汇集了来自屋顶的水后将它们喷到草坪上。

沿着不同高度的一条条小路便来到了神庙。这个混凝土立方体与主路成 45°，是供家族和村庄的葬礼使用的。这个极具吸引力的建筑物就像一座城堡，四面环水——水是斯卡帕在营造整个建筑群中使用的主要材料。在这座建筑附近还有墓地的第二个入口，那是为宗教仪式设计的。这里的一切都是混凝土建造的，从地板到架在滑轮上的硕大移动门。这座神庙是唯一较大的室内空间，它不仅能从街上进入，还可以通过一条走廊到达。走廊上开着富有韵律感的洞口，在白天与阳光上演它们的二重奏。在小路的尽头，一块由光滑的白色石膏方块组成的嵌板上用十字形的金属“刺绣”做装饰。这是小教堂的入口。这个 3 米高、2.6 米宽，给人深刻印象的建筑物上有一种“偏移的合页”——斯卡帕在他的一次讲座中这样称谓它。通过一个依靠它旋转的机械，这座建筑就可以转动，并完全打开。但只有在举行葬礼时才会这样，因为在其他情况下会使用中间的黑檀木小门——它在建筑上是清晰可见的。祈祷厅是由一个 Ω 形的大洞口进入的，也就是最后一个希腊字母的标志。祈祷厅内部，从通高的大窗里照进来的光是这里的主角。玻璃窗扇消失在墙面，而窗框也被巧妙的安装方式隐藏起来，透过它们便可欣赏室外的景色及其在水中的倒影。竖直的开口旁边是从上方照到祭坛的光锥，以及嵌板反射出来的粼粼水光。这些位于青铜祭坛背后的角落里的嵌板是可开启的。用于宗教仪式的角落旁吊着一个大烛台（candelabrum），摆动时，跳跃的光便洒满空间。在祭坛前方，一块交错着黑白条形图案和四个青铜印章的大理石板指明了仪式中棺材的位置。在入口的对面，一条走道通向种有 11 棵柏树的草地——那是在教徒的葬礼上使用的。

“你不要去想做出富有诗意的东西。诗意的建筑会自然形成，只要创作它的人有这种天赋”，斯卡帕在 1976 年讲道。[3] 显然他具有这种天赋，因为他能看得更远，以小成大，用谱写在混凝土中的音符歌唱自然，洞察人类灵魂的深处。亭亭玉立在水面上的小小冥想亭（Meditation Pavilion）便蕴含着这一切内容，或许更多。远远望去，它就像一段优美的建筑插曲，浮在一座混凝土小岛上，与水面平齐。这个由铁和木构成的小品，相比构成了整个建筑群的、更为“实用”的混凝土建筑，营造出一种令人意外的反差。但要从这个神奇的地方进入冥想的宁静，你需要经过一条狭窄的小路，进入绝对的个人世界。要到达这里，你需要沿着山门的路返回，然后在双环前面向右转。通道在这里变得十分狭窄，仅能容纳一人通过。在这条静谧的小路上，来自地下空洞的脚步声也强化了这一行为的意义。要到达这里，你必须从一道推拉门中穿过。这个由金属和玻璃构成的隔断在推下去之后，会浸入地板之下的水中。在斯卡帕设计的自动装置作用下，它再次升起时会湿漉漉地滴着水。这个机械从室内看是难以理解的，在外墙上却一目了然。一系列绳索、滑轮和配重以复杂的动线，在裸露的混凝土表面设计出神秘的图形。它构成的路线在人们穿过时会将他们与外界隔开。这个走廊的“阴暗分支”是唯一到达水上亭子的路，而从花园是无法到达的。这座小建筑的内部在视平线高度处是封闭的。要欣赏阿索洛山的风景并瞻仰小拱龛，你得停下脚步，坐下来。在天幕（velarium）中心，一个心形的凹口——斯卡帕的双环，只是在这里下面被削去些许——让那些坐在此处的人能够凝视墓地。

静默、虔诚、情感，浸染在这个为哀悼精心设计的、富有诗意的、非同凡响的“机器”的每一部分。世间几乎没有哪个殡葬建筑能与生者对话，并引导他们走过一条布满符号的小路，在一个事实上是纪念死亡的地方，反思生命的意义。在阿尔蒂沃莱，卡洛・斯卡帕成功地营造出一个充满神秘感的地方。逝者在这里被托付给大地、太阳、空气。而生者在此陷入沉思，他们战胜的不仅是死亡，还有它带来的悲伤——全因这浮于时间之上的天堂。

通向礼拜堂的双洞口：中间的门为黑檀木材质

右页图：用滑轮开启的移动门

第174~175页图：祈祷厅的Ω形门

向带有移动开口的后殿的一瞥

左页图：由石材与混凝土立方体构成的地面与祭坛的细节

“这是我最愿意去看的作品，因为在我的其他作品中，我只看到了错误和缺陷。”

1973—1978年

# 留给未来的遗产
## 维罗纳大众银行总部

维罗纳

宛如一幅在城市中徐徐展开的画卷，虚实的空间、堂皇的檐口和大门、挺拔的立柱和线脚将它绘成：维罗纳大众银行总部，这里汇集了卡洛·斯卡帕所有的想象。

右页图：诺加拉广场（Piazza Nogara）上的主立面

2
BANCA
POPOLARE
DI VERONA

立面上的窗户（上图）与凉廊的对柱细节（下图）

第184~185页图：有红色维罗纳石框的“金门”

1973年，这个项目启动了，与阿尔蒂沃莱的布里翁墓园处于处于同一时期。此时这位威尼斯建筑师正处于事业的巅峰。而它成了卡洛·斯卡帕充分表达他那如今已是炉火纯青而复杂多元的诗意的舞台。然而，两者的不同之处在于，那座陵墓的设计只受到了不同寻常的L形大地块的约束，而在这里需要创造出一个为高管、雇员和公众日常使用的空间。这个项目由银行董事会委托，本身就已相当复杂。银行的总部必须同建于20世纪50年代的灰暗住宅楼相连，目的是整合一些现有的建筑，并将其重新组织起来。这是一个创造天衣无缝的整体的艰难任务，需要重新设计平面，解决结构细木工（joinery）的明显问题，并重新设计各层和室内流线；然后是规划各个立面，尤其是朝向诺加拉广场的。这并不是一个建筑的稀世之作，尽管如此，地下却隐藏着一颗无价之宝：公元1世纪中叶的罗马住宅（domus）。这是教授不得不去面对的设计约束。

这个位于中间的新位置距离布拉广场（Piazza Bra）不远，在通常的游客路线之外。当你从竞技场（Arena）后面穿过精心铺设泛红色维罗纳大理石的街道时，才有可能与它邂逅。这种温暖而微妙的色调赋予了这座威尼托小镇雅致的粉色光环——那是卡洛·斯卡帕自己创造出来，并转用到这座建筑的形象上的。拥有独特的历史、色彩和材料的城市在他的项目中总是发挥着决定性的作用。这一点再次出现在维罗纳，一座在他的设计师生涯中具有重大意义的城市。在接受这个委托的时候，斯卡帕对它已是了如指掌。1956年，他在这里开始了古堡博物馆的重要项目。如今他从维罗纳再次出发，回到这雉堞林立的城墙之内，来设计维罗纳大众银行的经营场所。而这将成为他又一个无可争议的杰作。1973—1978年，他在这个项目上投入了大量心血。

令人痛心的是，和布里翁墓园一样，他永远也无法亲眼看到建筑的落成。1978 年 11 月他在仙台意外摔伤时，结构工程的各个部分均已完工，临街和朝向内院的两个立面也完成了。这项工作随后交给了他忠实的合作伙伴阿里戈·鲁迪（Arrigo Rudi）、项目启动时的共同签约人瓦尔特·罗塞托（Valter Rossetto）和工程师雷纳托·斯卡拉扎伊（Renato Scarazzai）。凭借细节详细的图纸，他们在 1981 年合力完成了这个建筑遗作。

从策划到推敲的整个设计过程都有详细的记录，这是斯卡帕一贯的作风，并留下了大量精致的图纸和草图，上面还有详尽的说明和准确的做法。而朝向广场的立面是斯卡帕的心头之患，因为那个位置很难让整个立面一览无余。只有一个侧面的视角能让人看到建筑包含的复杂建造系统，因为它有一部分深入位于广场一侧、被建筑包围的小巷维科洛孔文蒂诺（Vicolo Conventino）之中。整体设计建立在各种形式构图的基础上，这是斯卡帕在今天这个闻名遐迩的城市中心创造奇迹时唯一可打的牌。这位大师决定按照文艺复兴时期宫殿的传统布局来设计这个立面：一个石台基（plinth）、两层柱式（order）和一道束带层（string course），但对材料和风格的特征进行了强调。正如他 1978 年 5 月在维琴察同马丁·多明格斯的一次访谈中所讲，“檐口、窗户、台基、楼梯，这些一直是过去建造者关注的地方。出现的问题是一成不变的，唯有解决办法在变。”[1] 这里的解决办法清晰明确，斯卡帕用铅笔在千张图纸中描出，有如指示性的几何图形一般透彻，并超越了纯粹的构图问题。假如你从中间来到这里，那么立面看上去便是一支合奏曲，展现出由乐句和停顿构成的、近乎音乐般的韵律，并全部映在石块节奏鲜明的韵律上，那刻出的齿饰（dentil）随着阳光在一天中的变化，上演着它们的二重奏。从远处看去，立面呈现出一种和谐的设计：底部是维罗纳和博蒂奇诺（Botticino）大理石的台基，中部以窗户为引导性要素。在它的上方是带玻璃窗的凉廊，上面有一道精美的檐口。还有成对的柱子把檐口分开，并将室内的结构映射到外表面上。这个立面并不均一，原有建筑的旁边线性特征更为突出，并有一个浅色的博蒂奇诺大理石基座，以及反差鲜明的红色石檐口。当你走近如今已不再使用的带有“金门”的入口，立面的构成变得更加复杂。正如弗朗切斯科·达尔科（Francesco Dal Co）所说，上面错综复杂的齿饰在这里“具有呈现构成之中各部分之间尺寸关系的作用”。物质被前置，其形状构成了各种各样的几何形；而它们，自已成诗。

这个线性构成的节奏被“金门”打断——那是为管理而保留的入口，如今在斯卡帕之前的合作人瓦尔特·罗塞托以及阿里戈·鲁迪的精心修复之后焕然一新。“我在寻找一位现代的法老，让我去为他建造金字塔”，斯卡帕喜欢这样说，而对于这位国王（或者银行家），他按捺不住要设计出一个举世无双的入口的念头，以此证明他的实力。这个开放的系统，又体现出他的胆魄。单单一扇合页门会很乏味、简单、平凡无奇。这道“金门”就像通往公众开放区的另一道门那样，神奇地在铺地的

指引下竖立起来。毕竟如果流线的构思对于理解这座建筑至关重要，那么出入点的位置必须得到充分的重视。整体是大于各部分之和的。

台基上方是由弧凸窗（bow window）形成的第一排窗。再往上，与正副主任办公室相对应的固定构件变成了圆形（在最初的图纸中是圆角方形）。事实上，这些洞口并非正圆：与阿尔蒂沃莱和博洛尼亚的加维纳商店一样，那是由两个圆组成的双重造型。在这里它们沿中轴线隔开 11 厘米，这是斯卡帕晚期作品中反复出现的数字。他本人也证实了这一点，并说道“厘米是贫瘠的”。1978 年在马德里的一次知名讲座中，他详细地论述了这个原创的数字比例——布里翁墓园上也用到了它。“我使用了一些技巧。我需要某种光，我把一切放在了尺寸为 5.5 厘米的网格上。这个母题看似平淡无奇，实际上在表达的范围和动态上却是相当丰富的。我所有的尺寸都有数字 11 和 5.5。因为一切是以乘法为基础的，都能吻合，这样尺寸就会准确无误。也许有人会反对，认为即使在尺寸为 1 厘米的网格上也能准确无误——但并非如此，因为 50 乘以 2 是 100，而 55 乘以 2 是 110。如果你再加上 55 就是 165，而不是 150。如果再加一倍就是 220，然后是 330、440。通过这种方式，你就可以得到 55 的倍数，而绝不会得到 150 或 154。很多建筑师使用规则的平面或黄金比。我的网格非常简单，并且能实现各种动态。”[2]

维罗纳大众银行的立面正是如此，是一段用音乐谱写的传奇，是用金属和石头奏出的交响乐。而它所在的城市是以一座古代竞技场为象征的，数十年来那里都是重要歌剧季的演出场地。毕竟就连歌德也称建筑是凝固的音乐。它是“形式的颤抖”（trembling of form），斯卡帕本人在 1976 年 2 月的一次讲座中提到，那时他正在向学生解释为设计赋予韵律的必要性。“若不是最微小的比例，那究竟什么是振动？正是那些比例让某种线脚或形式雄伟壮观，并为希腊式、意大利文艺复兴式，或许还有法国哥特式和罗曼式（Romanesque）风格的建筑师所用。”[3]或许是音乐，在他听来属于当代的音乐，才能帮助我们理解虚与实、断与续、升与降之间的交替。1984 年，威尼托作曲家路易吉・诺诺（Luigi Nono）为他逝去的朋友献上了一曲管弦乐《致建筑师卡洛・斯卡帕与他无限的可能》（*A Carlo Scarpa, architetto, ai suoi infiniti possibili*）。那是一支由许多片段、停顿与静默、期待与紧张组成的乐曲，是用乐曲重现的斯卡帕建筑诗意。

朝向内院的立面与临街的不同，有一道横贯立面的大条窗。让它更具动感的是一个带玻璃窗的楼梯间——从两侧都能看到它：这个通透的圆柱体在衔接处与老房子构成了特殊的关系。在 3 层，一条“幅带”凸向透明的楼梯间，那是一个供雕刻在大理石上的银行标志使用的建筑模块。斯卡帕往往乐于设计字符，在每个项目中他都

右页图：带玻璃窗、对柱和银行标志浮雕的庭院立面局部

会仔细推敲，并因地制宜地进行创作。对于这座银行，他设计了由单一符号组成的特殊字符：一条线犹如舞女般扭曲、变化，从“B”变成“P”，又在“V”上寻得新的支点。

整座建筑的檐口是由一系列对柱来表达的，圆窗也是如此，使这件艺术品更像风景一般。从庭院还可以看到上方将新建筑（Palazzo Scarpa，今天这家银行总部的名称）与原有建筑连接在一起的通道。这个隧道般的部位是阿里戈·鲁迪在斯卡帕过世后建成的。平屋顶被设计得像一座广场，上面有一个体形将各种设备隐藏起来，并有与立面上可见细节相同的装饰力。此外这里还有一个让路过的鸟儿饮水的水槽，这便是引入城市之中的自然。

最大的惊喜出现在你走进建筑的那一刻。要参观的话，只需在网上申请即可。由于这是一家银行，所以要遵守一些基本的规则。遗憾的是，现在已经不能从“金门”进入了，而要通过路易吉·卡恰·多米尼奥尼（Luigi Caccia Dominioni）“重新创造”的部分。这位杰出的建筑师也在几年前不幸离世。银行的内部是藏满惊喜的宝库，许多建筑大师都在墙内的空间留下了他们高超的技艺。斯卡帕的杰作一眼便可看出。那无疑就是他的建筑语汇——节律是相同的，从对柱到凹口，一切都表现出他的风格。

楼梯、电梯和柱子，是赋予整体节奏的建筑要素。但没有人意识到整体的完美只有在解决了原有建筑与新楼之间对位上的问题之后才能实现。仅仅1.5°的误差，导致墙体之间不是垂直的。但长度是不被允许横行霸道的。另外，面对我们今天或许只能去想象的实际建造问题，斯卡帕让所有的设计都去适应这小小的瑕疵。失之毫厘，谬以千里。它会酿成一个惊人的视觉混乱。从踏步到楼面，所有的饰面材料都为掩盖这一瑕疵进行了切割和布置，包括那道假天花板。这些构造的整个平面都与建筑的不规则特征相对应。对尺寸的调整构成了不会暴露瑕疵或错误的整体形象，保证了总体的和谐。客户没有考虑老房子与新建筑之间的高差，而是希望主楼层（piano nobile）都在同一高度上。可斯卡帕喜欢挑战，并在这里创造了一个夹层（mezzanine）来掩盖建筑之间的高差。这座大楼有许多层，看似一个独特而表达清晰的空间，根据所用材料、色彩和表面的处理而变化：地板铺着克劳泽托（Clauzetto）石材，天花板用的是抛光石膏（stucco lucido）饰面，墙面则用的是马尔莫里诺（marmorino）石膏。

建筑的结构由一系列柱子组成。当柱子不是嵌在砌体中时，它们就成为室内的要素。当你拾级而上时，它们的形状和姿态会随之而变：在地下二层是空的，到了上层则被分开，并变为成对的圆柱——由作为浇筑混凝土模板（formwork）的钢管制成的。在夹层和2层，双柱继续成对延伸出去，但其是在由高达110厘米（不是1米，那会很平庸！）的钢套塑造出形象，并局部封闭起来的管道中；而后继续向上，露出混凝土。上部用两个环形和一道连接封条作为装饰，均镀以金属。这个“顽皮的细节”也用在了外柱上。斯卡帕在他 1975 年 3 月的讲座中是这样描述它的：“这个构件将由青铜制成，而这一处会镀上青铜。然后，离开一段距离，这里将有许多闪闪发亮的球体。在某种意义上，我发明了一种柱头。它们并非真正的球体，而是球形的空间。这意味着我不会增加材料，而是减少。”[4] 在最后一层，柱子再次改变了形象，成为以抛光石膏作为饰面的纤细造型。

形态各异的 4 部电梯和 6 座楼梯带领人们通向各层。这里并没有预定的方案：每个楼梯根据其功能都有确切的布设理由。“我试图让楼梯给人带来在空间中行走的体验，这是一个具有重要意义的空间事件”，斯卡帕在关于项目的一次访谈中说道。从构图和空间的角度看，最耐人寻味的是其中三座楼梯，分别为员工、公众和管理层指引方向而设计。为了不让人混淆道路，斯卡帕运用了不同的颜色，然后在各层的门和墙壁的细节上重复使用。第一座楼梯以有光泽的深蓝色和深绿色灰泥做饰面，在构成它的各种体形的相互组合下宛如一幅抽象画。这座供员工使用的楼梯与半地下室相连，里面是之前股市厅（Borsino，银行为客户追踪股价提供的房间）的圆形空间以及更深的地下层（包括保险库和设备）。带有红色墙面的螺旋状楼梯是唯一像电梯一样将建筑各层联系起来的楼梯。它是阿里戈·鲁迪在斯卡帕逝世后完成的，此外还有这座历史建筑中央大厅的天幕。这座被包围在玻璃墙之间、在立面上就能看到的楼梯与其他楼梯是截然不同的，并有插入钢网格的混凝土踏步。

水，这个斯卡帕作品中的关键要素，似乎在这个项目中不见踪迹。事实上，最初的设计中包含地面层公共大厅和新楼之间的一个水池。这个角落原来由路易吉·卡恰·多米尼奥尼设计的一盏大灯提供照明，其目的是创造一种空间的装饰风格让来宾惊叹不已。接下来是庭院里的户外水池，设计它们是为了在多个几何层次上营造出水的互动。如今水池正在进行修复。

整个建筑里充满了非凡的细节：从作为立面檐口饰面的玻璃砖到卡拉卡塔（Calacatta）大理石的背光灯，从门厅的墙到饰有阿尔卑斯绿（Verde Alpi）大理石条和克劳泽托大理石条的“金门”，再到由大小各异、相互重叠的圆形构成的圆角形壁灯。维罗纳大众银行的室内空间将斯卡帕多年来积累的建筑语汇展现得淋漓尽致。在他极具启发性的建筑语言中，装饰与建筑形式结合得天衣无缝。建筑在这些饰面上投入大量的心血，不会随着可见的部分终结，而是延伸到常常被认为微不足道的技术细节之中，比如楼梯的背面和窗下的出水口。这些就是路易吉·诺诺提到的“无限的可能”，斯卡帕不知疲倦地去尝试创造的触动灵魂之处；一个永不满足、力求将艺术带向更高境界的人所取得的成就——对于音乐家来说，那是天籁之音的境界；而对于建筑师来说，那是无限形式的境界。

扶手细部

右页图：带抛光石膏饰面的股市厅楼梯
第192~193页图：后勤楼梯

楼梯的附着体系

左页图：“股市厅”楼梯转角的黄铜断面局部

第198~199页图：从圆形窗看连接两栋建筑的空中通道

“我试图让楼梯给人带来在空间中行走的体验，这是一个具有重要意义的空间事件。”

卡拉卡塔大理石背光灯局部

右页图：前景中的凉廊对柱

第202~203页图：通向管理楼层的楼梯，踏步材质为克劳泽托大理石，墙面为修剪灰泥

钢管结构和楼梯的细节

左页图：朝向带有玻璃窗的楼梯一瞥

# 卡洛·斯卡帕

## 后记

2020年

# 斯卡帕的斯卡帕

## 斯卡帕宫

特雷维索

特雷维索的这个新展览空间是全新的一页。里面隐藏的是至今不为人知的诗篇和一个意念——表述的渴望。但要记住，托比亚·斯卡帕是教授唯一的爱子。这位1935年出生的威尼斯建筑师和设计师荣获了两届金圆规奖（Compassod' Oro），并于2020年完成了特雷维索新圣母教堂（Santa Maria Nova, 13世纪至1806年）的修复。这里将成为承载这一家族记忆的圣殿。

右页图：照明系统局部

是的，这就是它的构思，将父子两人的作品在这里熔于一炉。这个小巧的博物馆在贝内通集团的支持下建立起来。托比亚·斯卡帕同贝内通的长久合作要追溯到 1964 年。那时，他和妻子阿弗拉·比安金一起设计了贝内通集团在蓬扎诺（Ponzano）的首个生产设施。这个博物馆属于原税务局建筑群的一部分，而之后这片地将整体归还给城市，包括它 1 万平方米的花园。博物馆的启用和场地的改造是卢恰诺·贝内通（Luciano Benetton）和家人所做的一个慈善项目的最后阶段。项目从邦本宫（Palazzo Bomben）的修复开始，那是现在该基金会组织公共科学和教育活动的场地。接下来是原法院的再利用方案，如今它是埃迪齐奥内（Edizione）控股公司的经营场所；原来的监狱，今天是收藏《国际地图史杂志》（*Imago Mundi*）的地方；还有圣泰奥尼斯托教堂（San Teonisto），它已成为展览和音乐会的空间。所有这些都是托比亚·斯卡帕设计的。

在这座未来的博物馆（Ca' Scarpa，托比亚喜欢用方言来称呼它）里，记忆摆脱了忧伤和悔恨的重负。记忆成为物质，并化为光，为想象力创造了空间。修复工作尊重了历史的文脉，“但我要赋予这座建筑一种新的逻辑”，托比亚·斯卡帕说道，“让它符合规划的要求及新的功能。”这个原先西多会（Cistercian）修道院的小型礼拜场所是 16 世纪重建的产物，有着鲜明的文艺复兴风格。托比亚谈到，这里住的大部分人是被家庭强迫进入修道院的修女，而并非出于信仰的感召。修道院一直安宁无事，直到 1797 年拿破仑荡平威尼斯共和国。特雷维索和威尼托在几年之内被法国交由奥地利管辖，而后在 1806 年回归法国的管辖。1806—1810 年，新圣母修道院遭到压制，修女们被驱逐。这个原先礼拜的场所被法国人改造成军医院，后又被奥地利人改为兵营。即使在威尼斯并入意大利王国之后，它仍被军队使用。第二次世界大战后，它成了国税局（Inland Revenue）的财务办公室、省会计室（Provincial Accounting Office）和财产登记所（Property Registers）的办公地。

在被弃置多年后，整个建筑群如今重获生机，开始讲述全然不同的故事——斯卡帕家族的故事。修复工作尤为关注原有的部分，同时能够丰富原有的围合体并调整其功能，并深入各个细节之中。托比亚·斯卡帕后来讲道，“我保留了档案的金属架”，因为绝不能忘记历史。从室外看，建筑的简洁令人惊叹。这是一个 4 层、12 米高的长方体建筑，上面有灰色石头大门和两个对称的舷窗。然而，空间在室内豁然开朗，邀请着来客一探究竟。雄伟的柱子支撑着拱券，给人高耸之感。这是因为别具一格的楼梯，“其踏脚处仅有 8 厘米宽，这是我和工程师争辩的焦点”，托比亚解释道，“但楼梯成为统领这个空间的基体。”整个后勤楼处于一个黑色体形的尽端，里面也有电梯。从天花板洒下的光之瀑布随行着来客，它射出流线的垂直线条，并在墙面上构成了一个发光的雕塑。

右页图：连接起博物馆4层的楼梯

这些灯具由托比亚特意亲自为博物馆设计，看上去重现出代表楼梯结构特征的十字架。要知道，托比亚是公认的创造光之艺术的大师，为弗洛斯公司（Flos）设计过一系列令人难忘的产品，比如凡塔斯马（Fantasma）、福利奥（Foglio）和比亚焦（Biagio）灯具。他简洁的设计令人惊叹不已：这道流光瀑布由一系列LED灯管组成，挂在镶木的小圆构件之上。

建筑的工作现已完成，但它仍在不断深化，并随时可以变化。功能按楼层进行明确的划分：临时展览在地面层举行，第2、3层展示斯卡帕一家的作品，活动和讲座在顶层举行。眼前的一切都留给了想象。“现在我们需要填充这个空间，让它更好地阐释父亲的哲学”，建筑师说道。可以肯定的是，由教授在1968年为第34届威尼斯双年展创作的巨刃形《阿斯塔》（*Asta*）雕塑，将陈列在原来档案室腾出的空间里。斯卡帕从1968年起用铣削钢和镀金属钢（milled and gilded steel）设计的另一件作品《生长》（*Crescita*），将放在地面层，朝向给人深刻印象的一扇大窗。其余的仍未确定。托比亚在他的叙述中继续说道：“父亲亲手绘制的16 000张图纸现在已归国有，由罗马国立21世纪美术馆（MAXXI）管理，保存在特雷维索。在那里，由贝内通基金会创立的卡洛・斯卡帕国际园艺奖将评选出最美的花园。”还有斯卡帕为古堡博物馆绘制的大量草图，现已捐给维罗纳市。“父亲留给我们最美的东西就是他的图纸。没有任何建筑师能以他那种方式创作出堪比艺术品的图纸。它们五彩缤纷，充满了微妙的变化、深入的思考和令人叹为观止的细部。若不将它们展现给公众将是莫大的遗憾。”或许室内将展出教授设计的家具，在我们看来，还有他儿子所有的成果。托比亚很小就以极高的天赋开始设计，先是为韦尼尼做设计，一如他父亲年轻时所为；之后是为迪诺・加维纳做设计，他是著名的企业家、卡洛・斯卡帕的好友；最后是为弗洛斯、卡西纳（Cassina）和贝尔尼尼（Bernini）做设计。它们组成了这两位威尼斯人（喜爱方言是这对父子的诸多共同特点之一）用铅笔写下的永续不断的对话。酷爱铅笔，是他们另一个如痴如醉的共同爱好。这种交流如今发生在记忆的边缘之上，就像这位建筑师为世人展示的那样——岁月流逝，铅华褪去。即便如此，托比亚信手拈来，将千丝万缕织成一线，用一颗平静的心，将其中的故事娓娓道来。诚然，多年之后他已能用更加平和的心态来回忆自己的父亲。加夫列尔・加西亚・马尔克斯（Gabriel García Márquez）说过，心中的回忆抹去了痛苦，放大了美好，借助这种方法，我们就能承受过去的沉重。时间抚平了伤口，也消除了误解，如今，人们在他的良师益友（托比亚时常这样提到自己的父亲）的引导下牵起缕缕飘逸的语丝也更加轻松。“当我还是个孩子时，他会带我去所有他工作的地方，建筑工地、手艺作坊等。他不会给我解释任何技术上的东西，而只是通过观察，让我接受古老技艺的熏陶，去体会工匠技艺的价值。”除了日常生活中耳濡目染的教育之外，还有频繁来访的名人激励着他——这些人多年间频频造访斯卡帕在威尼斯里奥马林（Rio Marin）的家。那是一个由作家和艺术家组成的世界，他们有这个家的钥匙，有时只是路过来喝咖啡。“路易吉・诺诺、贾科莫・诺韦塔（Giacomo Noventa）、阿尔贝托・维亚尼和马里奥・德路易吉，所有这些人也同我建立了亲密的友情。”如今，他们的“新家”将会向所有人敞开大门，讲述这一对建筑师和设计师父子的故事。

左页图：教堂老螺旋楼梯的轮廓

柱子和楼梯扶手局部

右页图：建筑顶层

# 卡洛·斯卡帕小传

“美”，
是第一感觉；
“艺术”，
是第一词语；
再是“惊奇”，
然后是“形式”的内在实现，
不可分割的要素构成整体感。
设计向自然求教，
如何展现这些要素，
艺术品彰显出“形式”的整体性，
用精选的要素形状谱写成交响乐。
在诸多要素之中，
连接处启迪着装饰，并赞美它。
细部是对自然的崇拜。

——路易斯·康

这就像电影，场景要从正确的镜头开始拍摄。卡洛·斯卡帕的一生是由各种各样的活动、充满智慧的发现、亲密无间的友情以及对艺术与美的挚爱所成就的。要讲述如此丰富多彩的故事，浮现出来的第一个场景就是威尼斯。因为一切的起源就在这里，在他的城市里。那里有灵动的光、缤纷的色彩、海天一色的景致，还有与潟湖中的倒影相映成趣的建筑。“海滩金沙上的幽灵，如此脆弱，如此安静，除却她动人的魅力，一无所有。望着她在潟湖中若隐若现的幻影，我们不禁会问，哪个是真实的城市，哪个是虚幻的倒影”，约翰·拉斯金（John Ruskin）在《威尼斯之石》（*The Stones of Venice*）中写道。

就是在这个神奇的地方，1906 年 6 月 2 日，在多尔索杜罗区（Sestiere Dorsoduro）的阿塞奥庭院（Corte dell'Aseo），距离圣玛格丽塔广场（Campo Santa Margherita）几步之遥的地方，卡洛·斯卡帕诞生了。父亲安东尼奥·斯卡帕（Antonio Scarpa）是一位小学教师，母亲埃玛·诺韦洛（Emma Novello）是一位手艺娴熟的裁缝。他是家里的长子，有弟弟路易吉 [Luigi，斯卡帕叫他吉吉 (Gigi)] 和妹妹伊达（Ida）。

1908 年，在斯卡帕两岁的时候，母亲在维琴察找到了一份高级时装作坊的工作，于是一家人搬到了那里。埃玛·诺韦洛拥有的这门古老的手艺，对细节的关注以及对完美材料的追求是必不可少的，这给年少的斯卡帕上了重要的一课，并使他在逐渐成熟之时开始巧妙地为石头“打褶”，并在墙上打出金色的“孔眼”。

斯卡帕在安德烈亚·帕拉弟奥（Andrea Palladio）曾留下印记的城市里完成了自己的第一轮研学。这两位时隔400年的建筑师，都通过与学术道路大相径庭的方式施展着自己的技艺，并被共同的命运联系在一起：两人都在威尼托创造出了许多优美绝伦的别墅，它们无疑在世界上拜访者最多、最负盛名的杰作之列。

在第一次世界大战结束后的1919年初，母亲不幸离世。斯卡帕同家人回到了威尼斯。

从维琴察安德烈亚·帕拉弟奥高等技术学校毕业之后，他被威尼斯皇家美术学院（Regia Accademia di Belle Arti）录取。在还是学生的时候，他就开始为一些建筑公司工作。1926年，仅有20岁的他以满分（30/30）获得了建筑设计专业的文凭。

期间，他成为卡佩林穆拉诺玻璃匠师协会的顾问。他的设计使这种古老的玻璃制品获得了现代性和国际声誉。意大利设计正在诞生。天生喜爱尝试的斯卡帕开始研究材料与色彩，将玻璃艺术转化到建筑上。对他而言没有什么是不可能的，当他想要做出某种东西时，就会同工匠待在一起，直到技术问题被巧妙地解决。“那不可能做到！”玻璃匠师在看到他的设计和草图时会不停地这样说。但是，满怀激情和好奇心的他，在强大职业追求的动力下总会得到他想要的东西。而得到的结果永远是非同凡响的。布鲁诺·泽维，这位杰出的艺术史学家对斯卡帕景仰有加，并评论道：“弗兰克·劳埃德·赖特来到威尼斯。这位美国大师来到穆拉诺，对一套玻璃制品端详良久。‘我想要这个和那个……然后是这个、这个和那个。’真是完美的选择。所有的作品无一例外出自斯卡帕之手。”[1]这发生在数年后的1951年，那时这位美国大师来到威尼斯和佛罗伦萨，并见到了斯卡帕。但教授作为“玻璃大师”的生涯并没有随着卡佩林公司的终结而终止。1933年，在这家公司破产后，斯卡帕成了穆拉诺最大的玻璃制作商韦尼尼公司的新艺术总监。仍处于事业初期的他，已经拥有了未来美好的前景。卡洛·斯卡帕开始结交各路友人，而他们将伴随他的一生。在大学时代，他遇到了卡洛·马斯基耶托。这位后来杰出的工程师与他合作了许多项目——从委内瑞拉馆到双年展花园，再从维罗纳的古堡博物馆到阿尔蒂沃莱圣维托的布里翁墓园。然后他与老朋友们，雕塑家阿尔贝托·维亚尼和画家马里奥·德路易吉，分享了自己的美学研究、项目和个人生活。他们虽个性鲜明，却能集于一堂；虽从事着不同的艺术实践，却也能在相互之间建立完美的和谐。这三个朋友都住在威尼斯，他们经常相聚在弗洛里安咖啡厅（Caffè Florian）。在这家历史悠久的威尼斯咖啡厅里，他们与当时其他的知识分子展开热烈的讨论。这种将他们联系在一起的亲密关系在实践中是极不平凡的。长久以来，他们在许多项目上进行了合作：从维亚尼为奥利韦蒂商店创作的《阳光下的裸体》，到德路易吉在奎里尼·斯坦帕利亚基金会、加维纳商店和布里翁墓园等的作品。在那些年间，斯卡帕的事业与许多后来影响着意大利文化发展的艺术家的生活相交。那场思维的热潮诞生在黑暗的法西斯时期的阴影之中。当时要获得在意大利以外出版的艺术书籍，或是被官方禁止的那些，并非易事。可这些威尼斯人知道从哪里可以找到它们。所有的禁书都能在圣马可广场的“钟楼”（Il Campanile）书店找到（现已关闭）。与他们“串通”的店主是知识渊博且素养深厚的无政府主义者拉文纳（Ravenna）。多年来，卡洛·斯卡帕收集了4052种图书，包括关于建筑、艺术、文学和诗歌（甚至烹饪）的书籍。那是一个文字和图像构成的世界，因为就像他的弟弟吉吉所说的，“那不只是一个图书室。艺术家和作家、同仁和亲友之间培养出来的友情，以及他们评判与争论的对话和交流赋予了它生命。对于这些人，他的家和图书室的大门是随时敞开的。”

1926年，年轻的卡洛又开始在威尼斯高等建筑学院[Scuola Superiore di Architettura di Venezia，即后来的威尼斯建筑大学（IUAV）] 教学。这项事业将贯穿他的一生：从1926—1927 年，那时他只是圭多 · 奇里利（Guido Cirilli）教授建筑学课程的助手；一直到 1976—1977 年他逝世之前的那个学年为止。他对教育如此执着和投入，以至于大家都不再用寻常的称谓"建筑师"来称呼他，而是用"教授"（professore）。后一个出于法律原因让人垂涎的称号，在后来给他带来了与建筑师协会的许多矛盾，并让他大为恼火。另外，他本人也曾表示，在教师和设计师这两种职业之间是很难选择的。

卡洛 · 斯卡帕没有给我们留下任何文字，除了偶尔的几次访谈。《记忆之源》是专为布里翁墓园而出版的书，但除了图注没有任何解释性的文字。因此，若想更好地理解他的设计，就需要看一看他的学生弗兰卡 · 塞米（Franca Semi）颇具价值的书《卡洛 · 斯卡帕讲义》（*Alezione con Carlo Scarpa*）。[2] 这会帮助我们理解他是如何在劝诫、即兴草图和玩笑之中向学生们讲述设计作品的。从基本功开始，比如削铅笔的重要性，或是在打底的图上使用炭笔——他说这样"形成的笔屑不会给任何人带来麻烦"，到选择正确品类的纸。我们可以想象他走进教室，面对黑板时的情形——他很讨厌那玩意儿，从创作维罗纳大众银行的故事，讲到离题万里的观点"面包车太可怕了"。斯卡帕会沉浸在所有跑题的东西上，有时学生们很难跟上他在含义深刻的概念与幽默却无关的话题之间跳跃的思路。但这是深入了解他的一种途径，就像跨越数年的时间与他对话，成为他学生的学生。

这位大师生活中最有趣的篇章无疑是他在威尼斯双年展的经历。那对于斯卡帕而言首先是一扇面向世界的窗，而后又成了一个大舞台。1928 年它迎来了一个重要的展览即塞尚展，这是一个国际主义风格大行其道的系列展览中的第一个。这些展览不断激发着他的想象力。但他在威尼斯双年展的经历并没有局限于对伟大的欧洲艺术家的观察。早在 1932 年，他就同朋友马里奥 · 德路易吉展出了一幅马赛克画作。而这是他的事业同这个著名的艺术活动联系在一起的第一幕。后来，在 1948 年，他作为建筑师（设计的中央馆和委内瑞拉馆）以及作为展览设计师的作品被越来越多地纳入双年展。

同时，在等待大突破的过程中，他在 1932 年参加了建造学院大桥的竞赛，并在 1934 年娶奥诺里娜 · 拉扎里（Onorina Lazzari）为妻。其祖父温琴佐 · 里纳尔多（Vincenzo Rinaldo）是一位建筑师，也是斯卡帕事业之初的雇主。这是他人生中的重要几步。在娶了妮妮（Ninì）之后——这是他对爱妻的昵称——斯卡帕迎来了他第一个重要委托项目，他的非凡事业由此开始。1935 年，他被委托修复威尼斯大学。这一年对于他的家庭也有着里程碑式的意义：1 月 1 日新年添新丁，托比亚出生了。

时光在委托项目、设计竞赛和亲密友情的陪伴下慢慢流逝。其中一位友人是画廊主卡洛 · 卡尔达佐（Carlo Cardazzo）。斯卡帕在 1941 年为他设计了现代美术馆、卡瓦利诺美术馆（Galleria del Cavallino）的室内空间。

1945 年，他得到了另一个重要的委托项目：威尼斯文化资产监督委员会（Venice Superintendency of Cultural Assets）将重新设计学院画廊（Gallerie dell' Accademia）的任务委托给他。这将占去他在后来数年中多个阶段的时间。

接下来便是巨大的转折点——第 24 届威尼斯双年展的保罗 · 克利回顾展。在此后几年时间里，斯卡帕达到了人生巅峰，成为 20 世纪最受仰慕的展览设计师之一。那是 1948 年，欧洲刚刚走出战火，资源匮乏，但前进的愿望是强烈的。这次展览名副其实地流芳百世，因为"它很可能是当代艺术界有史以来最大、最完整的展览"，评论家恩佐 · 迪马蒂诺（Enzo Di Martino）写道。[3] 许多国家尚未从战争中复苏，故选择不参展。所以空置的国家馆就被用作特展。比如佩姬·古根海姆（Peggy Guggenheim）在希腊馆组织的展览——展览设计则出自斯卡帕之手。当时的主席乔瓦尼·蓬蒂（Giovanni Ponti）和秘书长鲁道夫·帕卢基尼感到急需弥补由法西斯主义和战争造成的文化落后的差距。为了实现这一点，他们决定将大量展览用于最杰出的当代艺术家，包括巴勃罗·毕加索（Pablo Picasso）——他在 67 岁时首次成功地在威尼斯展出了自己的画作。

并非只有威尼斯汇集了意大利知识分子对重生（rebirth）与变革的渴望。1951 年，斯卡帕参加了在佛罗伦萨斯特罗齐宫（Palazzo Strozzi）举行的首个意大利弗兰克·劳埃德·赖特建筑展。这次展览是在卡洛·卢多维科·拉吉基安蒂（Carlo Ludovico Ragghianti）的请求下组织的。这位卓越的知识分子在那些年是意大利艺术史研究所（Istituto Italiano di Storia dell' Arte）的所长。在这里，斯卡帕终于第一次见到了这位美国大师——他一直仰慕有加的人。在赖特的意大利之旅中，继佛罗伦萨之后，两人又在威尼斯重逢——赖特在那里受大学之邀接受了荣誉学位。

斯卡帕的美名开始超出威尼托的边界。1953 年，他受监督委员乔治·维尼（Giorgio Vigni）之邀来到西西里，修复巴勒莫的阿巴泰利斯宫，并筹备“安东内洛·达梅西纳与 15 世纪西西里绘画”展览（Antonello da Messina and Fifteenth-Century Painting in Sicily）。与此同时，他被委托建造双年展花园里的委内瑞拉馆。

1953 年他来到佛罗伦萨，代表教育部参与了乌菲齐美术馆（Uffizi Gallery）新布局的设计（1953—1960 年）。在这里他遇到了乔瓦尼·米凯卢奇（Giovanni Michelucci）和爱德华多·德蒂（Edoardo Detti）——后来与他成为朋友及合作伙伴。

现在看来他的事业一帆风顺。一方面，他得到了私人委托的项目，比如乌迪内（Udine）的韦里蒂住宅（Veritti House，1955—1961 年）。另一方面也有公共项目，比如波萨尼奥的卡诺瓦石膏雕像博物馆（1955—1957 年）扩建，维罗纳古堡博物馆重要项目（1956—1975 年）也已启动。

但是，这也是他因被指责没有真实学位、非法从业而遭受严重伤害的时期。在他声名鹊起之时——1956 年，他还荣获了奥利韦蒂国家建筑奖（Olivetti National Award for Architecture）——却不得不出庭应诉：威尼斯建筑协会起诉他非法从业。尽管最终的判决对他是有利的，但这切肤之痛过了很久才愈合。我们很难想象斯卡帕在次年是以怎样的状态回到威尼斯，接受奥利韦蒂商店（1957—1958 年）及奎里尼·斯坦帕利亚基金会（1961—1963 年）的项目的。然而，直到 1978 年他才获得一个荣誉学位，作为对他漫长职业生涯的表彰和补偿，但这已毫无意义，而且为时已晚。

1963 年，教授离开了威尼斯，搬到了阿索洛。他先是住在乡下，然后是小镇历史中心的布朗宁街（Via Browning）。他在这个家庭工作室里住了 10 年。或许他因为让他饱受折磨的威尼斯的官司而感到幻灭。从屋顶平台上，他可以眺望远方的城市，让自己沉浸在景色的环抱之中。特雷维索省“这座有着千娇百媚的地平线的小镇”——焦苏埃·卡尔杜奇（Giosuè Carducci）如此描述阿索洛——为他带来了惊艳的美景。它那湛蓝的天空令人如痴如醉，以至于教授在距离阿索洛几千米之外的波萨尼奥石膏雕像博物馆里用它做了一幅“剪画”（“我想剪下一片蓝天”）。在这个空间里，卡洛·斯卡帕接待自己的学生，并“四处工作，因为他有一块不大的木板，上面嵌有一块黑檀绘图板，并装着滑轮和绳索。他把带有自己项目和生活照片副本的浅橙色纸粘在上面”，他曾经的学生、艺术史学家和建筑师曼利奥·布鲁萨廷（Manlio Brusatin）解释道。

他的建筑、博物馆的展览设计，以及他从 1926 年在卡佩林穆拉诺玻璃匠师协会开始、随后同韦尼尼合作的设计师生涯，在 20 世纪 60 年代意大利设计史上是举足轻重的。而后，他再度从意义重大的邂逅中开辟了新的道路。1959 年，斯卡帕在威尼斯遇到了博洛尼亚商人迪诺·加维纳。仅仅两年之后，他便成为高级家具制造商加维纳股份有限公司的总裁。在这位具有远见卓识的新朋友旁边，斯卡帕设计了博洛尼亚阿尔塔贝拉大街的加维纳商店（1961—1963 年），并开始设计系列家具产品。这些精美绝伦的作品中，不少的名称都折射出斯卡帕心底对威尼斯一生不舍的眷恋。多杰餐桌、弗洛里安咖啡桌和里亚尔托（Rialto）餐具柜，只是至今保留在卡西纳的西蒙藏品图录中的一部分产品。

20 世纪 70 年代是他建筑语言炉火纯青的时期，所有今天被我们称为“斯卡帕式”典型的符号都已表现得淋漓尽致。在此期间，他投身于为布里翁韦加公司创始人和他的妻子建造的布里翁墓园（1969—1978 年）、维罗纳大众银行（1973—1978 年），以及巴多利诺（Bardolino）的奥托伦吉住宅（Ottolenghi House，1974—1978 年）项目中。

令人扼腕的是，这位大师未能亲眼看到这些作品建成。1978 年 11 月 29 日，在他挚爱的日本仙台，一场意外让他与世长辞。遵照本人的请求，他被葬在阿尔蒂沃莱，紧靠为布里翁夫妇奥诺里娜和朱塞佩建造的墓地围墙外的地方，“在这个无人之地”与爱妻妮妮长眠，凝望着远方阿索洛的群山。那是他钟爱的地方，也是他选择的生死不离的家。

我相信你一直在思考，

无论梦里梦外，舍不下这追忆之地，

设计着奇妙的大理石，

幻想着花草与树木，

还有那池中的睡莲，

沉浸在对生命的思考中。[4]

——内里·波扎

# 译后记

是的，卡洛・斯卡帕创造的不是物质，而是超越了任何载体本身的美，甚至是最抽象的语言。即使他运用的是具体的物质，也是富有灵性、难以名状的水——这位威尼斯建筑师至爱的“建筑材料”——以及变幻莫测、难以捕捉的光。

这位出神入化的建筑师的成就，已然超越了一本渴望用动人的词句和优美的视觉语言来呈现他艺术造诣的书。在竭力展示这位威尼斯大师深厚功力的过程中，每一处细节、每一滴匠心，都让人感觉到他造型艺术中最细腻的灵感。只要目光抚过它们，你的心便会沉静下来。这位跨越了建筑、雕塑、玻璃、展览、家具设计，将光影、空间、色彩运用得炉火纯青的大师，以他的作品带领人们走进超凡的世界。细细品味这位大家之作，便能感受到触及心底的畅快。这位用心去感受、再用心去设计的大师，将自己对故乡威尼斯的依恋、对古老建筑的欣赏、对潟湖灵动之水的感悟，转化为富有生命的艺术设计。大到一座城市本身的历史，小到建筑里古老的构件，都是赋予他建筑设计活力与灵魂的源泉。

这位大师的高超技艺与举世瞩目的成就，也体现在子继父业的传奇中。值得称道的是，在儿子的教育上，他通过言传身教的方式，潜移默化地让托比亚去领会艺术设计的精髓。同时，斯卡帕让自己的艺术家朋友在儿子年轻时激励他成长，让他的天才得以自由发挥。事实上，斯卡帕也是在母亲精湛的裁缝技艺熏陶之下成长起来的。这一家族的人，体内都流淌着艺术的血液——就连斯卡帕妻子的祖父也是一位建筑师，斯卡帕取得这样的成就也就无足为奇了。

同样令人羡慕的是，斯卡帕与艺术家的惺惺相惜，这是不少建筑师终其一生可遇而不可求的幸事。比如格尔纳，是他在创造完美建筑之作时珠联璧合的伙伴。即便远在美国、素未谋面的建筑大师赖特，从他的玻璃制品上也会一眼看出斯卡帕不同凡响的才华。无数的艺术家至交为他的建筑锦上添花，甚至为斯卡帕原创性的建筑杰作进行修复的建筑师，也从一个侧面让这位大师的形象更加丰满。

对此，不得不承认的是，翻译这样一部作品时绞尽脑汁，却仍有词不达意之感。不仅是因为本书的作者妙笔生花，更是斯卡帕的建筑技艺和深厚的文化内涵早已超越了文字的表达。正如作者开篇所言，领会这位大师的精髓、洞悉他幻妙的内心世界、仰视他不朽的成就，必须立于他创造的建筑神话之中。也正是这样一个优美的神话，给了我们力量，去战胜人生中最为艰难的一段岁月。在大师斯卡帕与爱妻文媛的陪伴下，每每仰望月空，便知艺术之光在上，身为译者心中的憧憬不灭。

尚晋
辛丑谷雨

# 致谢

我们希望对数月以来给予我们大力支持的优秀团队表示衷心的感谢。首先是摄影助理伊拉里亚·弗兰扎（Ilaria Franza）和马里奥·丰塔纳（Mario Fontana）。本书得到了我们的编辑瓦伦丁娜·林登（Valentina Lindon）、弗兰切斯卡·普里纳（Francesca Prina）和克里斯蒂娜·梅诺蒂（Cristina Menotti）的悉心指导。克里斯蒂娜为本书提供了优美的平面设计。我们还遇到了许多做出特别贡献的人，从斯卡帕档案馆的建筑师阿尔巴·迪列托（Alba Di Lieto）到波萨尼奥石膏雕像博物馆的劳拉·卡萨尔萨（Laura Casarsa）。我们要向威尼斯的奎里尼·斯坦帕利亚基金会、FAI，与陪同我们考察维罗纳大众银行的马达莱娜·比亚西（Maddalena Biasi）、斯特凡诺·德弗兰切斯基（Stefano De Franceschi）表示特别感谢。我们还要向博洛尼亚的加维纳商店主克劳迪娅·卡内·德拉盖蒂（Claudia Canè Draghetti）、建筑师伊丽莎白·贝尔托齐（Elisabetta Bertozzi），以及人间天堂画廊的灵魂人物盖拉尔多·托内利（Gherardo Tonelli）致以热忱的谢意。但我们最要感谢的是拥有孩子般热情的托比亚·斯卡帕，以及他的助手、建筑师伊拉里亚·卡瓦拉里（Ilaria Cavallari）。

艺术指导与平面设计

克里斯蒂娜·梅诺蒂（Cristina Menotti）

英文版翻译

理查德·萨德利尔（Richard Sadleir）

第 8 页图片来源：意大利安莎通讯社，M·托塞利（M. Toselli）

# 注释

## 马里奥·巴拉托教室

1.1978 年 5 月在维琴察同马丁·多明格斯的访谈。载于 F. Dal Co，G. Mazzariol，*Carlo Scarpa. 1906—1978*，Electa，Milan 2005，第 297—299 页。

2.1978 年夏在马德里的讲座。关于这一内容，见 *Mille cipressi*，载于 F. Dal Co，G. Mazzariol，*Carlo Scarpa. 1906—1978*，Electa，Milan 2005，第 287 页。

## 威尼斯双年展

1. 引自 G. Mazzariol，*Opere di Carlo Scarpa*，in “L’architettura. Cronache e storia，” no. 3，September—October 1955，第 350 页。

## 布里翁墓园

1. 引自 F. Semi，*A lezione con Carlo Scarpa*，Hoepli，Milan 2019，第 247 和 279 页。

2.1978 年夏在马德里的讲座。见 *Mille cipressi*，载于 F. Dal Co，G. Mazzariol，*Carlo Scarpa. 1906—1978*，Electa，Milan 2005，第 286—287 页。

3.1976 年 10 月 18 日在维也纳（Akademie der bildenden Künste）上的讲座。见 *Può l’architettura essere poesia?*，载于 F. Dal Co，G. Mazzariol，*Carlo Scarpa. 1906—1978*，Electa，Milan 2005，第 283 页。

## 维罗纳大众银行

1.1978 年 5 月在维琴察同马丁·多明格斯的访谈。载于 F. Dal Co，G. Mazzariol，*Carlo Scarpa. 1906—1978*，Electa，Milan 2005，第 297—299 页。

2.1978 年夏在马德里的讲座。关于这一内容，见 *Mille cipressi*，载于 F. Dal Co，G. Mazzariol，*Carlo Scarpa. 1906—1978*，Electa，Milan 2005，第 286—287 页。

3. 引自 F. Semi，*A lezione con Carlo Scarpa*，Hoepli，Milan 2019，第 252 页。

4. 同上，第 135 页。

## 卡洛·斯卡帕小传

1. 引自 B. Zevi，*Di qua o di là dell’architettura*，载于 F. Dal Co，G. Mazzariol，*Carlo Scarpa. 1906—1978*，Electa，Milan 2005，第 271 页。

2. 引自 F. Semi，*A lezione con Carlo Scarpa*，Hoepli，Milan 2019.

3. 引自 E. Di Martino，*La Biennale di Venezia 1895—1995. Cento Anni di Arte e Cultura*，Editoriale Giorgio Mondadori，Milan 1995，第 66 页。

4. 引自 N. Pozza，*Opere Complete. È contro le regole*，Neri Pozza Editore，Milan 2011，第 2230 页。